计算机公共课系列教材

C语言程序设计

主　编　杨健霑　汪同庆
参　编　（以姓氏笔画为序）
　　　　关焕梅　刘　英　刘春杰　汤　洁
　　　　张　华　杨麐丞　周雅洁　黄　磊

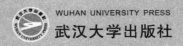

武汉大学出版社

图书在版编目(CIP)数据

C语言程序设计/杨健霑,汪同庆主编. —武汉:武汉大学出版社,2009.1
计算机公共课系列教材
ISBN 978-7-307-06778-3

Ⅰ．C… Ⅱ．①杨… ②汪… Ⅲ．C语言—程序设计—高等学校—教材
Ⅳ．TP312

中国版本图书馆 CIP 数据核字(2009)第 001308 号

责任编辑:黄金文　　责任校对:黄添生　　版式设计:支　笛

出版发行:**武汉大学出版社**　(430072　武昌　珞珈山)
（电子邮件:cbs22@whu.edu.cn　网址:www.wdp.com.cn）
印刷:荆州市鸿盛印务有限公司
开本:787×1092　1/16　印张:18.25　字数:443 千字
版次:2009 年 1 月第 1 版　　2012 年 7 月第 6 次印刷
ISBN 978-7-307-06778-3/TP·321　　定价:28.00 元

版权所有,不得翻印;凡购买我社的图书,如有质量问题,请与当地图书销售部门联系调换。

计算机公共课系列教材

编 委 会

主　　任　杨健霑

副 主 任：熊建强　李俊娥　殷　朴　刘春燕

编　　委：（以姓氏笔画为序）

　　　　　刘　英　何　宁　汪同庆　杨运伟

　　　　　吴黎兵　罗云芳　黄文斌　康　卓

执行编委：黄金文

内容简介

C 语言是目前广泛流行的程序设计语言之一，是许多计算机专业人员和计算机爱好者编制软件强有力的开发工具，也是国内外大学普遍开设的计算机基础课程之一。

本书共 13 章，内容包括 C 语言的发展、特点与程序开发基本知识，基本数据类型、运算符和表达式，基本语句与顺序结构、选择结构、循环结构，数组，函数，指针，字符串，结构体、共用体、链表和枚举，编译预处理，位运算和文件。

本书作者长期从事高校的计算机程序设计语言的教学工作，有丰富的教学、科研经验。书中文字流畅、概念清楚、深入浅出，并穿插有大量的实例，可使读者迅速掌握 C 语言程序设计的基本技能。

本书可作为普通高等学校本、专科学生的教学用书，也可供计算机水平考试培训及工程技术人员自学使用。

前 言

　　C语言是一种使用方便、功能强大、移植性好、兼具高级语言和低级语言优点、能产生高效率目标代码的优秀的结构化程序设计语言。C语言作为一种既适合于开发系统软件又适合于开发应用软件的语言，已经成为计算机程序设计语言的主流语种之一，得到广泛的认同。

　　20多年来，除了计算机专业人员外，其他行业的广大计算机应用人员也喜欢使用C语言。全国计算机等级考试、全国计算机应用技术证书考试、全国计算机软件专业技术资格及水平考试等都将C语言纳入了考试范围。随着C语言在国内普及、推广、应用的需要，全国许多高校已不仅对计算机专业的学生，而且对广大非计算机专业的学生也相继开设了C语言程序设计课程。此外，成人教育、函授教育等同样广泛开设了C语言程序设计课程。

　　C语言与其他高级语言相比更复杂一些。这是因为它规则较多，涵盖的知识面更广，尤其是它涉及一些机器及环境方面的实现细节，使用灵活，难点较多，容易出错，初学者不易掌握。

　　本书的对象主要为大学非计算机专业的本科生和专科生。其特点如下：

　　（1）本着不苛求读者具备太多计算机专门知识也能学好C语言的愿望，尽量做到叙述通俗易懂，一方面要有利于组织教学，另一方面又要有利于自学。

　　（2）学习的目的在于应用。通过学习，读者应该能做到自己动手编程来解决问题。本教材强调了算法在编程中的重要性，同时也希望通过学习，读者能养成良好的编程习惯和风格。

　　（3）知识的积累有一定的过程，循序渐进是必要的，帮助读者建立正确、清晰的概念是本书的主要任务。

　　（4）章节的安排尽量做到结构合理，难点和重点突出。既要说明问题，又不能过于繁琐，让人产生畏难情绪。

　　本书共13章。

　　第1章介绍了C语言的发展、特点与程序开发基本知识；第2章介绍了C语言的基本数据类型、运算符和表达式；第3章介绍了C语言的基本语句与顺序结构，包括赋值语句和几个基本的输入输出函数，如：printf（）函数、scanf（）函数、putchar（）函数、getchar（）函数；第4章介绍了选择结构，包括关系运算和逻辑运算、if条件语句和switch语句；第5章介绍了循环结构，包括while语句、do-while语句、for语句、break语句、continue语句和goto语句；第6章介绍了数组，主要包括一、二维数组的定义、存储、元素的引用、初始化和输入输出；第7章介绍了C语言函数，包括函数的分类与定义、函数调用、变量的作用域与生存期、内部函数和外部函数；第8章介绍了指针，包括指针与指针变量的概念、指向变量的指针变量、指针与数组、指针数组和指向指针的指针、指针与函数；第9章介绍了字符串，包括字符串的基本概念、用字符数组存储和处理字符串、指向字符串的指针变量、常用的字符串处理函数；第10章介绍了结构体、共用体和枚举，包括结构体类型的变量、结构体数组、结构体指针、结构体作为函数参数、共用体变量的定义和引用、链表和枚举；第 11 章介绍了编译预处理，包括编译预处理的概念、宏定义、文件包含和条件编译；第 12 章介绍了位运算，包括位运算的概念、位运算符和位段的使用；第 13 章介绍了数据文件，包括文件与文件类型指针、文件的打开与关闭、文件的存取、文件的定位。

  本书第 1、2 章由汪同庆编写，第 3 章由刘春杰编写，第 4 章由黄磊编写，第 5 章由刘英编写，第 6 章由汤洁编写，第 7 章由杨健霖编写，第 8、9 章由杨鏖丞编写，第 10 章由关焕梅编写，第 11、12 章由张华编写，第 13 章由周雅洁编写。在编写过程中，得到武汉大学教务部、武汉大学计算中心和武汉大学出版社领导的大力支持，许多老师给予了帮助并提出了宝贵意见，在此表示衷心的感谢。

  作为课堂教学的补充，同时出版了《C 语言程序设计实验与习题》作为本书的配套教材使用。

  由于计算机技术发展迅速以及编者水平所限，加之时间紧迫，对书中存在的错误和遗漏，恳请同行专家和广大读者批评指正，万分感谢！

编　者
2008 年 12 月

目　录

第1章　C语言的发展、特点与程序开发基本知识 ··················· 1
1.1　C语言的发展 ··················· 1
1.1.1　C语言的起源与发展 ··················· 1
1.1.2　C语言标准 ··················· 2
1.2　C语言的特点 ··················· 2
1.2.1　C语言的主要特点 ··················· 2
1.2.2　C语言与C++，Java和C# ··················· 3
1.3　计算机语言与程序设计基本方法 ··················· 4
1.3.1　计算机程序 ··················· 4
1.3.2　计算机语言及其处理程序 ··················· 4
1.3.3　程序设计的基本方法 ··················· 6
1.4　C语言程序的基本结构与开发过程 ··················· 7
1.4.1　简单的C语言程序介绍 ··················· 7
1.4.2　C语言程序基本结构 ··················· 9
1.4.3　C语言的字符集、关键字和标识符 ··················· 10
1.4.4　C语言程序的开发过程 ··················· 12
1.4.5　C语言程序的编程环境 ··················· 13
1.5　算法及其表示 ··················· 15
1.5.1　算法的概念 ··················· 15
1.5.2　算法的表示 ··················· 15
本章小结 ··················· 19
思考题 ··················· 19

第2章　基本数据类型、运算符和表达式 ··················· 20
2.1　数据与数据类型 ··················· 20
2.1.1　程序中数据的表示形式 ··················· 20
2.1.2　C语言的数据类型 ··················· 21
2.1.3　C语言基本数据类型 ··················· 22
2.1.4　不同数据类型间的转换与运算 ··················· 22
2.2　常量、变量和标准函数 ··················· 24
2.2.1　常量 ··················· 24
2.2.2　变量 ··················· 29
2.2.3　库函数 ··················· 34

2.3 运算符和表达式 36
2.3.1 算术运算符和算术表达式 36
2.3.2 关系运算符与关系表达式 40
2.3.3 逻辑运算符与逻辑表达式 41
2.3.4 条件运算符与条件表达式 44
2.3.5 赋值运算符与赋值表达式 44
2.3.6 逗号运算符与逗号表达式 46
本章小结 47
思考题 47

第3章 基本语句与顺序结构 48
3.1 C语言程序的基本语句 48
3.1.1 声明语句 48
3.1.2 表达式语句 48
3.1.3 函数调用语句 49
3.1.4 控制语句 50
3.1.5 复合语句 50
3.1.6 空语句 51
3.2 赋值语句 51
3.3 数据的输入输出 52
3.3.1 printf()函数 53
3.3.2 scanf()函数 59
3.3.3 putchar()函数 64
3.3.4 getchar()函数 65
本章小结 66
思考题 66

第4章 选择结构 67
4.1 用if条件语句实现选择结构 67
4.1.1 单分支if条件语句 67
4.1.2 双分支if条件语句 69
4.1.3 多分支if条件语句 70
4.1.4 if条件语句的嵌套 74
4.2 Switch语句 77
本章小结 81
思考题 81

第5章 循环结构 82
5.1 while语句 82
5.2 do-while语句 86

5.3 for 语句 ·············· 90
5.4 嵌套循环结构 ·············· 94
5.5 break 语句、continue 语句和 goto 语句 ·············· 97
 5.5.1 break 语句 ·············· 97
 5.5.2 continue 语句 ·············· 99
 5.5.3 goto 语句 ·············· 100
5.6 程序举例 ·············· 102
 5.6.1 循环程序举例 ·············· 102
 5.6.2 循环在数值计算中的应用 ·············· 107
本章小结 ·············· 110
思考题 ·············· 110

第 6 章 数 组 ·············· 112

6.1 一维数组 ·············· 112
 6.1.1 一维数组的定义和存储 ·············· 112
 6.1.2 一维数组元素的引用 ·············· 113
 6.1.3 一维数组的初始化 ·············· 114
 6.1.4 一维数组元素的输入输出 ·············· 114
 6.1.5 一维数组应用举例 ·············· 115
6.2 二维数组 ·············· 121
 6.2.1 二维数组的定义和存储 ·············· 121
 6.2.2 二维数组元素的引用 ·············· 122
 6.2.3 二维数组的初始化 ·············· 122
 6.2.4 二维数组的输入输出 ·············· 123
 6.2.5 二维数组应用举例 ·············· 124
本章小结 ·············· 128
思考题 ·············· 129

第 7 章 函 数 ·············· 130

7.1 函数概述 ·············· 130
7.2 函数的分类与定义 ·············· 131
 7.2.1 函数的分类 ·············· 131
 7.2.2 函数的定义 ·············· 132
7.3 函数调用 ·············· 134
 7.3.1 函数调用的一般形式 ·············· 134
 7.3.2 函数的参数 ·············· 136
 7.3.3 函数的返回值 ·············· 137
 7.3.4 对被调用函数的说明 ·············· 138
 7.3.5 数组作为函数参数 ·············· 139
7.4 函数的嵌套调用和递归调用 ·············· 141

7.4.1 函数的嵌套调用 ·················141
7.4.2 函数的递归调用 ·················143
7.5 变量的作用域和生存期 ················145
7.5.1 变量的作用域 ···················145
7.5.2 变量的存储类别 ·················148
7.6 内部函数和外部函数 ··················151
7.6.1 内部函数 ······················151
7.6.2 外部函数 ······················152
7.7 综合应用举例（一）··················152
本章小结 ·····························155
思考题 ······························155

第8章 指 针 ·······························156
8.1 指针和指针变量的概念 ················156
8.1.1 地址和指针 ····················156
8.1.2 指针变量 ······················157
8.2 指向变量的指针变量 ··················157
8.2.1 指针变量的定义 ·················157
8.2.2 指针变量的引用 ·················158
8.2.3 指针变量的初始化 ················159
8.2.4 指针变量作为函数参数 ·············160
8.3 指针与数组 ······················161
8.3.1 指针变量的运算 ·················161
8.3.2 数组的指针和指向数组的指针变量 ·······163
8.3.3 数组名作为函数参数 ···············169
8.4 指针数组和指向指针的指针 ··············171
8.4.1 指针数组 ······················171
8.4.2 指向指针的指针 ·················172
8.5 指针与函数 ······················173
8.5.1 函数的指针与指向函数的指针变量 ·······173
8.5.2 函数指针作为函数参数 ·············175
8.5.3 返回指针的函数 ·················178
本章小结 ·····························180
思考题 ······························180

第9章 字符串 ·······························181
9.1 字符串的基本概念 ··················181
9.2 用字符数组存储和处理字符串 ············181
9.2.1 字符数组的定义 ·················181
9.2.2 字符数组的引用 ·················182

9.2.3　字符数组的初始化	182
9.2.4　字符数组的输入输出	183
9.3　指向字符串的指针变量	185
9.3.1　字符串指针变量的定义与初始化	185
9.3.2　字符串指针变量与字符数组	186
9.3.3　字符串指针变量作为函数参数	187
9.4　字符串处理函数	189
9.4.1　gets 函数	189
9.4.2　puts 函数	190
9.4.3　strlen 函数	191
9.4.4　strcat 函数	191
9.4.5　strcpy 函数	191
9.4.6　strcmp 函数	192
9.4.7　strlwr 函数	192
9.4.8　strupr 函数	192
本章小结	193
思考题	193

第 10 章　结构体、共用体和枚举 … 194

10.1　结构体	194
10.1.1　结构体类型的定义	194
10.1.2　结构体变量的定义	196
10.1.3　结构体类型变量的初始化和引用	200
10.1.4　结构体数组	202
10.1.5　结构体指针	205
10.1.6　结构体作为函数参数	207
10.2　共用体	208
10.2.1　共用体类型的定义	209
10.2.2　共用体变量的定义	209
10.2.3　共用体变量的引用	211
10.3　链表	214
10.3.1　链表的概念	214
10.3.2　用指针和结构体实现链表	215
10.3.3　对单向链表的操作	216
10.4　枚举	220
10.5　综合应用举例（二）	222
本章小结	227
思考题	227

第 11 章　编译预处理 … 228

11.1 编译预处理的概念 ... 228
11.2 宏定义 ... 228
 11.2.1 不带参数的宏定义 ... 228
 11.2.2 带参数的宏定义 ... 231
11.3 文件包含 ... 232
11.4 条件编译 ... 233
本章小结 ... 235
思考题 ... 235

第12章 位运算

12.1 位运算的概念 ... 236
12.2 位运算符的含义及其使用 ... 237
 12.2.1 按位"与"运算（&） ... 237
 12.2.2 按位"或"运算（|） ... 237
 12.2.3 按位"非"运算（~） ... 237
 12.2.4 按位"异或"运算（^） ... 237
 12.2.5 "左移"运算（<<） ... 238
 12.2.6 "右移"运算（>>） ... 239
 12.2.7 长度不同的两个数进行位运算的运算规则 ... 240
 12.2.8 位复合赋值运算符 ... 240
12.3 位段 ... 240
 12.3.1 位段的定义 ... 240
 12.3.2 位段的使用 ... 241
本章小结 ... 243
思考题 ... 243

第13章 文 件

13.1 文件与文件类型指针 ... 244
 13.1.1 文件 ... 244
 13.1.2 文件数据的存储形式 ... 245
 13.1.3 文件的处理方法 ... 245
13.2 文件的打开与关闭 ... 246
 13.2.1 文件的打开 ... 246
 13.2.2 文件的关闭 ... 248
13.3 文件的存取 ... 248
 13.3.1 概述 ... 248
 13.3.2 字符读写（函数 fgetc( )和函数 fputc( )） ... 248
 13.3.3 字符串读写（函数 fgets( )和函数 fputs( )） ... 251
 13.3.4 格式读写（函数 fscanf( )和函数 fprintf( )） ... 253
 13.3.5 数据块读写（函数 fread( )和函数 fwrite( )） ... 255

13.4 文件的定位 ... 258
    13.4.1 概述 ... 258
    13.4.2 函数 rewind( ) ... 258
    13.4.3 函数 fseek( ) ... 258
    13.4.4 ftell 函数 ... 259
13.5 综合应用举例（三） ... 260
本章小结 ... 265
思考题 ... 265

附录一 ASCII 码表 ... 266

附录二 C 语言保留字 ... 267

附录三 运算符的优先级和结合性 ... 268

附录四 常用库函数 ... 269
    一、数学函数 ... 269
    二、字符函数 ... 269
    三、字符串函数 ... 270
    四、输入输出函数 ... 271

参考文献 ... 273

第1章 C语言的发展、特点与程序开发基本知识

C语言是一种通用的程序设计语言,深受广大科技人员和专业编程者的喜爱。随着计算机软硬件技术的发展,已经成为当前计算机程序设计语言的主流语种。

本章主要介绍C语言的发展和特点、计算机语言与程序设计的基本方法、C语言程序的基本结构与开发过程,以及算法的概念及其表示。本章重点是掌握C语言程序的基本结构与开发过程。

1.1 C语言的发展

1.1.1 C语言的起源与发展

随着计算机技术在社会各个领域中的广泛应用,作为计算机软件基础的程序设计语言也得到了迅速的发展和不断充实。C语言是继Fortran语言、Cobol语言、Basic语言和Pascal语言之后,有极具生命力的一种程序设计语言。C语言既适用于开发系统软件(如操作系统、编译程序、汇编程序、数据库管理系统等),也适用于开发应用软件(如数值计算、文字处理、控制系统、游戏程序等),深受广大用户青睐且广泛流行。目前C语言已成为计算机程序设计语言中的主流语种。

C语言是在B语言基础上发展起来的,与Pascal语言一并同属于Algol(Algorithmic language)语言族系。

1960年Algol60问世,这是一种适用于科学与工程计算的高级语言,有很强的逻辑处理功能。但这种语言不能操作硬件,不适合编写计算机系统程序。虽然汇编语言能够充分体现计算机硬件指令级特性,形成的代码也有较高的质量,但它的可读性、可移植性以及描述问题的性能都远不及高级语言。能否开创一种既有汇编语言特性,又有高级语言功能的计算机语言呢?C语言就是在此背景下诞生的。

1963年英国剑桥大学推出了CPL(Combined Programming Language)语言,这种语言虽然可以操作硬件,但系统规模较大,难以实现。1967年英国剑桥大学的Matin Richards对CPL语言进行了优化,推出了BCPL(Basic Combined Programming Language)语言。BCPL语言只是CPL语言的改良版,使用起来仍有很大的局限性。1970年美国Bell实验室的K.Thompson在BCPL语言基础上,对BCPL语言进行了进一步的简化,设计出了很接近硬件的B语言,并用B语言编写了第一个UNIX操作系统。"B语言"的意思是将CPL语言煮干,提炼出它的精华。1973年,B语言也给人"煮"了一下,美国Bell实验室的D.M.Ritchie在B语言的基础上最终设计出了一种新的语言,他使用了BCPL的第二个字母作为这种语言的名字,这就是C语言。

C语言最初用于PDP-11计算机上的UNIX操作系统。1973年D.M.Ritchie和K.Thompson

合作将 UNIX 操作系统用 C 语言改写了一遍（即 UNIX 第 5 版），把 UNIX 推进到一个新阶段。以后的 UNIX 第 6 版、第 7 版，以及 SystemⅢ和 SystemⅤ都是在 UNIX 第 5 版的基础上发展起来的。

1.1.2 C 语言标准

　　随着 UNIX 操作系统日益广泛的使用，C 语言也得到了迅速的发展。1977 年，出现了不依赖于具体机器的 C 语言编译文本。继而也出现了各种不同版本的 C 语言。不同版本实现之间微妙的差别令程序员头痛。为了解决这种问题，美国国家标准化组织（ANSI）于 1983 年成立了一个委员会（X3J11），以确定 C 语言的标准。该标准（ANSI C）于 1989 年正式采用。国际标准化组织（ISO）于 1990 年采用了一个 C 标准（ISO C）。ISO C 和 ANSI C 实质上是同一个标准，通常被称为 C89 或 C90。现代的 C 语言编译器绝大多数都遵守该标准。

　　最新的标准是 C99 标准。制定该标准的意图不是为语言添加新特性，而是为了满足新的目标（例如支持国际化编程），所以该标准依然保持了 C 语言的本质特性：简短、清楚和高效。目前，大多数 C 语言编译器没有完全实现 C99 的所有修改。本书将遵循 C89 标准，并不涉及 C99 的修改。

　　由于 C 语言功能强大而灵活，世界各地的程序员都使用它来编写各种程序，适用于不同操作系统和不同机型的 C 语言编译环境也相继出现。常用的编译环境有 Microsoft Visual C++、Borland C++、Microsoft C、Turbo C、Borland C、Quick C 和 AT&T C 等。这些系统环境的语言功能基本一致，大多遵循 ANSI C 的标准，但在某些方面仍存在一些差异，如在程序运行方式、库函数的功能、种类和调用等方面。

　　本书采用 Microsoft Visual C++ 6.0（简称 VC6.0）作为 C 语言程序设计的编译环境。VC6.0 是微软公司开发的基于 Windows 平台的 C 和 C++语言可视化编程环境，可在其中编辑、编译、链接、运行和调试 C 和 C++程序。有关 VC6.0 的基本操作和使用请参阅本书配套教材《C 语言程序设计实验与习题》。

1.2 C 语言的特点

1.2.1 C 语言的主要特点

　　计算机语言语种很多，每种语言各有其特色，但随着计算机软件行业的发展，有很多计算机语言已逐渐退出了应用。C 语言从诞生至今 30 多年，之所以能迅速发展、广泛流行且深受广大用户青睐，完全依赖于它独特的优势和优良的特征，概括起来主要有下述一些特点。

1. C 语言是一种结构化程序设计语言

　　C 语言提供了结构化程序所必需的基本控制语句，如条件判断语句和循环语句等，实现了对逻辑流的有效控制。C 语言的源程序由函数组成，每个函数各自独立，把函数作为模块化设计的基本单位。C 语言的源文件可以分割成多个源程序，进行单独编译后可连接生成可执行文件，为开发大型软件提供了极大的方便。C 语言提供了多种存储属性，通过对数据的存储域控制提高了程序的可靠性。

2. 具有丰富的数据类型

　　C 语言除提供整型、实型、字符型等基本数据类型外，还提供了用基本数据类型构造出的各种复杂的数据结构，如数组、结构、联合等。C 语言还提供了与地址密切相关的指针类型。此外，用户还可以根据需要自定义数据类型。

3．具有丰富的运算符

C 语言提供了多达 44 种运算符，运算能力十分丰富，它把括号、逗号、问号、赋值等都作为运算符来处理。多种数据类型与丰富的运算符相结合，能使表达式更具灵活性，可以实现其他高级语言难以实现的功能，同时也提高了执行效率。

4．C 语言结构紧凑，使用方便、灵活

C 语言只有 32 个保留字（关键字），9 种控制语句，大量的标准库函数可供直接调用；C 语言程序书写形式自由，语法限制不太严格，程序设计自由度大，有些表达式可以用简洁式书写，源程序简练，提高了程序设计的效率和质量。

5．C 语言具有自我扩充能力

C 语言程序是各种函数的集合，这些函数由 C 语言的函数库支持，并可以再次被用在其他程序中。用户可以不断地将自己开发的函数添加到 C 语言函数库中去。由于有了大量的函数，C 语言编程也就变得简单了。

6．C 语言具有低级语言的功能

C 语言既具有高级语言面向用户、可读性强、容易编程和维护等特点，又具有汇编语言面向硬件和系统的许多功能，提供了对位、字节和地址等直接访问硬件的操作，生成的目标代码一般只比汇编语言生成的目标代码效率低 10%～20%。所以也可以这样说：C 语言是高级语言中的低级语言。

7．C 程序可移植性好

C 语言具有执行效率高、程序可移植好的特点。这意味着为一种计算机系统（如一般的 PC 机）编写的 C 语言程序，可以在不同的系统（如 HP 的小型机）中运行，而只需作少量的修改或不加修改。这种可移植性也体现在不同的操作系统之间，如 DOS、Windows、UNIX 和 Linux。

由于 C 语言具有以上诸多特点，因此 C 语言发展迅速、生命力强，特别是在微型计算机系统的软件开发和各种软件工具的研制中，使用 C 语言的趋势日益俱增，呈现出可能取代汇编语言的发展趋势。

1.2.2　C 语言与 C++，Java 和 C#

C 语言的优良特征，使广大程序员对它珍爱倍加，但仅因为以上特点就说 C 语言是编程初学者的首选，也未免掩盖了其他语言的优势。在当今计算机软件行业和编程领域，还有其他炙手可热的高级语言可供选择，如 C++（读作"C 加加"或"see-plus-plus"）、Java（读作"爪哇"）和 C#（读作"see-sharp"）。那么 C 语言和它们有什么区别和联系呢？

C++语言是贝尔实验室于 20 世纪 80 年代在 C 语言基础上开发的，它是 C 语言的超集，包含了 C 语言的所有内容，同时增加了面向对象的编程思想、方法和内容。面向对象的基础是面向过程，是为了解决编写大型软件的问题而产生的。C++是一门非常复杂的语言，在学习 C++的时候，读者会发现几乎有关 C 语言的所有知识都用得上。因此可以说，学习 C 语言不但是在学习当今最强大、最流行的编程语言，同时还在为学习 C++语言做准备。

Java 语言是 Sun 公司于 1995 年发布的面向对象的编程语言。和 C++一样，Java 也是基于 C 语言的。如果读者打算以后学习 Java，那么几乎 C 的所有知识都是适用的。

C#是一门新生的语言，由微软公司于 2000 年 6 月与.NET 平台一同推出。同 C++语言和 Java 语言一样，C#语言也是从 C 语言派生的一种面向对象的程序设计语言。同样，很多有关 C 语言的知识也适用于 C#编程。

1.3 计算机语言与程序设计基本方法

1.3.1 计算机程序

为了利用计算机来处理问题，必须编写使计算机能够按照人的意愿工作的程序。所谓程序，就是计算机解决问题所需要的一系列代码化指令、符号化指令或符号化语句。著名的计算机科学家沃思（Wirth）提出过一个著名的公式来表达程序的实质，即：

程序=数据结构+算法

也就是说"程序是在数据的某些特定的表示方式和结构的基础上，对抽象算法的具体描述。"但是，在实际编写计算机程序时，还要遵循程序设计方法，在运行程序时还要有软件环境的支持。因此，有学者将上述公式扩充为：

程序=数据结构+算法+程序设计方法+语言工具

即一个应用程序应该体现四个方面的成分：采用的描述和存储数据的数据结构，采用的解决问题的算法，采用的程序设计的方法和采用的语言工具和编程环境。

在学习利用计算机语言编写程序时要掌握三个基本概念。一是语言的语法规则，包括常量、变量、运算符、表达式、函数和语句的使用规则；二是语义规则，包括单词和符号的含义及其使用规则；三是语用规则，即善于利用语法规则和语义规则正确组织程序的技能，使程序结构精练、执行效率高。

此外，还要弄清"语言"和"程序"的关系。语言是构成程序的指令集合及其规则，程序是用语言为实现某一算法组成的指令序列。学习计算机语言是为了掌握编程工具，它本身不是目的；当然，脱离具体语言去学习编程是十分困难的，因此两者有密切的联系。

1.3.2 计算机语言及其处理程序

计算机系统是由硬件系统和软件系统两大部分组成的，硬件系统是系统运行的物质基础，软件是管理、维护计算机系统和完成各项应用任务的程序。程序是用计算机语言编写的。计算机语言的发展经历了机器语言、汇编语言和高级语言的发展历程。

1. 机器语言

机器语言是以二进制代码表示的指令集合。用机器语言编写的程序称为机器语言程序，可以交付计算机直接执行。机器语言程序的优点是占用内存少、执行速度快，缺点是用二进制代码形式表示不易阅读和记忆，而且是面向机器的，通用性差。用机器语言来编写程序是一项非常繁琐、乏味和费力的工作。因为即使是一件非常简单的事，例如两个数相加，也必须被分解成若干个步骤：

（1）把地址为 2000 的内存单元中的数复制到寄存器 1；

（2）把地址为 2004 的内存单元中的数复制到寄存器 2；

（3）把寄存器 2 中的数与寄存器 1 中的数相加，结果保留在寄存器 1 中；

（4）把寄存器 1 中的数复制到地址为 2008 的内存单元中。

更令人头痛的是必须以指令的数字形式来书写程序。可想而知，一旦程序中间有错误（常常发生），在一堆数字中查找出错点犹如大海捞针。

2. 汇编语言和汇编程序

汇编语言是用助记符来代替机器指令，是一种面向机器的符号化语言。用汇编语言编写的程序称为汇编语言程序。由于其指令是用助记符表示的，所以比机器语言易于理解和记忆。程序员不再写数字形式的指令代码，而是写指令的符号代码，并且可以为每个数据的存储位置定义一个名字。下面是用汇编语言来表示两个数相加所要执行的动作：

（1）ldreg n1, r1　　　　把变量 n1 的值复制到寄存器 1（r1）；
（2）ldreg n2, r2　　　　把变量 n2 的值复制到寄存器 2（r2）；
（3）add r1, r2　　　　　把 r2 中的数与 r1 中的数相加，结果保留在 r1 中；
（4）store r1, sum　　　把 r1 中的数复制到变量 sum。

其中，每一个变量对应一个内存单元，变量的值就是该内存单元中保存的数。

尽管汇编语言程序读起来清楚一些，但计算机却无法理解它，需要将它翻译成机器语言。汇编程序就是用来完成这项任务的语言处理程序。在把汇编语言程序翻译成机器语言程序时，汇编程序将为变量分配内存单元。我们把汇编语言程序用汇编程序翻译成机器语言程序的过程称为汇编，如图 1-1 所示。

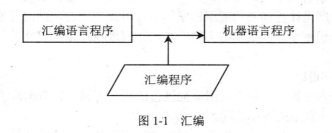

图 1-1　汇编

3. 高级语言和编译程序

使用汇编语言编写程序时仍然需要很多指令才能够实现最简单的任务。为了加速编程的过程，人们开发了高级语言，在高级语言中，单个语句就能够实现基本任务。下面是用 C 语言来表示两个数相加的一条语句：

$$sum = n1 + n2;$$

可以看出，它包含常用的数学符号和数学表达式。

很明显，用高级语言编写的程序更容易被人们理解和接受，同时也将从多方面提高编程的效率。首先，不必去考虑 CPU 的指令集，其次，不必考虑 CPU 实现特定任务所需采取的精确步骤，而是采用更接近人类思考问题的方式去书写语句、表达意图。

用高级语言编写的程序通用性强、可靠性高、简洁易读、便于维护，给程序设计从形式到内容上都带来了重大的改变。

与汇编语言程序类似，高级语言程序需要被编译程序（或编译器）翻译成机器语言，才能被计算机所理解。编译程序就是用来完成这项任务的语言处理程序。使用编译器将高级语言程序翻译成机器语言程序的过程称为编译，如图 1-2 所示。

一般来说，每种计算机在设计上都有其自身特有的机器语言。为英特尔的奔腾 CPU 编写的机器语言或汇编语言程序对苹果的麦金塔 CPU 来说是不能理解的。但可以选择正确的编译器将同一个高级语言程序转换为各种不同的机器语言程序。也就是说,程序员解决一个编程问题只需一次,然后可以让编译器将该解决方案解释为各种机器语言,即可以在各种机器上运行同一个高级语言程序。

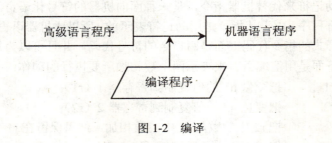

图1-2 编译

1.3.3 程序设计的基本方法

从1946年第一台电子计算机ENIAC问世到今天的"深蓝",电子计算机技术得到突飞猛进的发展,程序设计的方法也随之不断进步。20世纪80年代以前,程序设计方法主要采用面向过程的程序设计方法。进入80年代之后,随着计算机应用领域的扩大和开发大型信息系统的需要,面向对象的程序设计应运而生。面向过程的程序设计强调应用程序的过程和结构性,面向对象的程序设计更加强调应用程序的运行机制。然而,面向对象的程序设计方法是建立在面向过程的程序设计方法基础上的。这两种程序设计方法仍然是程序设计的主要方法。

1. 面向过程的程序设计

所谓面向过程的程序设计,是指利用面向过程的语言工具(如Basic、Pascal、Fortran和C语言等)进行程序开发中的各项活动。

1969年,荷兰学者E.W.Dijkstra对面向过程的程序设计语言提出了结构化的程序设计思想,规定一个结构化程序由顺序结构、选择(分支)结构和循环控制结构三种基本结构组成。同时规定了三种基本结构之间可以并列和互相包含,不允许交叉和从一个结构直接转到另一个结构的内部。这就是面向过程的程序,也称结构化程序。

使用面向过程的程序设计语言编写结构化程序,其基本方法是:把一个需要求解的复杂问题分为若干个子问题来处理,每个子问题控制在一个可调试或可操作的范围(或模块)内,设计时遵循自顶向下、逐步细化、模块化设计和结构化编码的原则。

"自顶向下"就是将整个待解决的问题按步骤、有次序地进行分层,明确先做什么,再做什么,各层包含什么内容。

"逐步细化"就是对分层后的每一层功能进行详细设计,并仔细检验其算法的正确性。只有当本层功能及其算法正确无误之后,才能向下一层细化。如果每一层的设计都没有问题,则整个程序功能及其算法就是正确的。

"模块化设计"就是将处理问题的整个程序分为多个模块,其中一个主模块和若干个子模块,由主模块控制各个处理子问题的子模块,最终实现整个程序的功能。模块化设计的思想是一种"分而治之"的思想,即把一个复杂的问题分为若干个子问题来处理就简单多了,也便于程序的检验和调试。所谓模块是指一个能完成某项特定功能,既可以组合又可以分解的程序单元。

"结构化编码"是指在进行结构化程序设计之后，用结构化语言编写程序的过程。利用结构化语言编写程序是非常方便的。

结构化程序的主要优点是编程简单、结构性强、可读性好，执行时（除遇到特殊流程控制语句外）总是按事先设计的控制流程自顶而下顺序执行，时序特征明显。遵循这种结构的程序只有一个入口和一个出口。但结构化程序也存在缺点，如数据与程序模块的分离和程序的可重用性差等。

2. 面向对象的程序设计

相对结构化程序设计而言，面向对象的程序设计是一个全新的概念。在面向对象的程序设计中，引入了类、对象、属性、事件和方法等一系列概念以及前所未有的编程思想。这里仅对面向对象的程序设计中的几个基本概念作简要说明，不作详细讨论。

在面向对象的程序设计中，最重要的思想是将数据（或称数据成员）与处理这些数据的例程（或称成员函数）全部封装到一个类中。只有属于该对象的成员函数才能访问自己的数据成员，从而达到了保护数据的目的。

每一种面向对象的程序设计语言都提供了三类机制，即封装、继承和多态。

"封装"就是把数据和操作这些数据的代码封装在对象类里，对外界是完全不透明的，对象类完全拥有自己的属性。程序设计者不需要了解对象类中的技术代码，也无法对它们加以控制和干预，而只需要重复调用其对象。

"继承"是允许在已有对象类的基础上构造新的对象类，即由一个类获取另一个对象类的过程。

"多态"是指发出同样的消息被不同的对象类接收时会产生不同的行为。这里所说的消息是指对类的成员函数的调用，而不同的行为是指不同的实现。利用多态性用户只需发送一般形式的消息，而将所有的实现留给接收信息的对象，然后对象根据所接收的消息做出相应的动作或操作。

面向对象程序的主要结构是：程序一般由类的定义和类的使用两部分组成。在主程序中定义各对象并规定它们之间传递消息的规律。程序中的一切操作都是通过向对象发送消息来实现的，对象接收到消息后启动有关方法完成相应的操作。

面向对象程序设计的最大优点就是程序代码的可重用性。这使得当需要对软件系统的要求有所改变时，并不需要程序设计者做大量的工作，而就能使系统做相应的改变。

目前，有很多面向对象程序的开发工具，常用的有 Visual Basic、Visual C++、C++ Builder、Delphi、Java 等。用户可以根据实际问题的应用选用相应的开发工具。

1.4 C 语言程序的基本结构与开发过程

1.4.1 简单的 C 语言程序介绍

这里我们给出两个简单的 C 语言例程，通过分析它们的组成部分和执行过程，来说明 C 语言程序的基本结构。

【例 1.1】求 1+2+3+…+100 的累加和。

编程如下：

#include<stdio.h>

```
void main()        // 定义主函数
{
    int i, sum=0;

    for(i=1; i<=100;i++)
        sum=sum+i;

    printf("sum=%d\n",sum);
}
```

运行该程序后,输出如下结果:
sum=5050
说明:

在 C 语言中,函数是程序的基本组成单位。以上 C 语言程序仅由一个主函数,即 main 函数构成。其中 main 是主函数的函数名,函数体由大括号"{}"括起来。

在函数体内的第 1 行是变量说明语句,说明变量 i 和变量 sum 为基本整型(int)的变量,同时为变量 sum 赋予初值 0;第 2、3 行是一个循环语句,通过循环执行该语句计算求得 1+2+3+…+100 的累加和,并将其结果赋给变量 sum;第 4 行是一个函数调用语句,调用系统标准输出函数 printf()输出变量 sum 的值。在隐含情况下,系统指定的标准输出设备为显示器或打印机。

程序的第 1 行"#include<stdio.h>"是一条编译预处理命令,用"#include"将头文件"stdio.h"包含在源程序中(在使用标准输入输出库函数时,应在程序前加上该预编译命令);程序第 2 行中的"void"表示主函数 main()是一个无返回值的函数;跟随在"void main()"后的"//定义主函数"为注释内容。程序中加注释主要是为了阅读程序方便,在程序编译和运行时不起作用。

下面再给出一个例程。

【例 1.2】输入三个整数,输出其中的最大数。
编程如下:

```
#include <stdio.h>

int max(int a,int b,int c)    // 定义 max 函数
{
    int big;

    big=a;
    if(b>big)big=b;
    if(c>big)big=c;

    return big;
}
```

```
void main()        // 定义 main 函数
{
    int  x,y,z,s;

    printf("input three integral numbers:\n");
    scanf("%d,%d,%d",&x,&y,&z);
    s=max(x,y,z);

    printf("maxmum=%d\n",s);
}
```

程序运行过程和输出结果如下：
input three numbers:
23,45,13✓
maxnum=45

说明：

以上 C 语言程序是由两个函数组成的：一个主函数（main 函数）和一个被调用函数（max 函数）。

在主函数的函数体内第 1 行是变量说明语句，说明变量 x,y,z,s 为基本整型（int）变量；第 2 行是调用系统标准输出函数 printf()在显示器屏幕上输出一个字符串"input three integral numbers:"，以提示用户从键盘上输入三个整数；第 3 行是函数调用语句，调用系统函数库中的标准输入函数 scanf()，该函数的功能是在系统隐含输入设备（通常是键盘）上输入数据赋给指定的变量。这里要输入三个整数分别赋给变量 x、y 和 z；第 4 行是一个赋值语句，执行该语句时要调用 max 函数，待其值求得后赋给变量 s。因此，此时将调用 max 函数，程序执行的控制流程也将转入执行 max 函数。在转入执行 max 函数的过程中，函数调用处将变量 x、y、z 的值分别传送给 max 函数的三个参数 a、b 和 c。

max 函数是用户自定义函数，其功能是求出三个整数的最大值。在 max 函数体中，将其求得的最大值赋给变量 big，由 return 语句确定变量 big 的值为函数返回值。然后，通过函数名 max 将函数返回值带回到 main 函数的调用处，同时程序控制执行流程也返回到 main 函数的调用处，并将 max 函数值赋给变量 s；main 函数的第 5 行调用系统标准输出函数 printf()，在系统隐含的输出设备上输出变量 s 的值。至此程序运行结束。

C 语言程序的执行总是从主函数的起始处开始，至主函数的末尾处结束。

1.4.2 C 语言程序基本结构

从上面列举的两个例程，我们大致归纳一下 C 语言程序的基本结构。

（1）一个 C 语言程序可以由一个函数组成，也可以由若干个函数组成，这些函数可以是系统函数，也可以是用户自定义函数。

（2）一个 C 语言程序不论由多少个函数组成，都有且仅有一个主函数（main 函数），它是程序开始执行的入口，也是程序结束运行的出口。

（3）程序中可以有预处理命令（如：include 命令等）。预处理命令通常放在程序的最前面位置。

(4) 每一个语句必须以分号结尾，分号是语句的终止符；预处理命令、函数头和函数体尾部的花括号"}"之后不能加分号。

(5) 程序中一行可以写一个语句，也可以写多个语句。当一个语句一行写不下时，可以分成多行写。

(6) 标识符和关键字（保留字）之间至少加一个空格符以示间隔。

(7) 为了增强程序的可读性，可以在程序中的适当位置增加注释。注释有两种形式：一种是括在"/*……*/"其间的部分为注释内容，另一种是写在双斜杠"//"后的行内容为注释内容。第一种可以跨行注释，第二种只能单行注释。

(8) 程序中区分大小写字母。一般变量、语句等用小写字母书写，符号常量、宏名等用大写字母书写。

(9) 为便于程序的阅读，编写程序时最好采用"缩进"方式。属于较内层的语句从行首缩进若干列，并与属于同一结构的语句对齐。

(10) 程序中各函数的位置可以置换。当一个C程序由多个函数组成时，这些函数既可以放在一个文件中，也可以放在多个文件中。

(11) 函数是C语言程序的基本单位，在程序中出现的操作对象（如变量、数组、函数等）都必须在使用前进行说明或定义。

(12) C语言程序中的函数由函数说明部分和函数体两部分组成，一般形式为：

函数类型 函数名(参数表)
{
　　说明语句
　　功能语句
}

每个C语言程序根据实现功能和算法的不同，其构成规模也有所不同。对于大的应用，需由多个文件、多个函数组成；对于复杂的应用，需要采用复杂的数据结构。但无论其功能和算法如何，都必须符合C语言程序结构的组成规则。

1.4.3　C语言的字符集、关键字和标识符

1. 字符集

字符是组成语言单词的基本成分，C语言程序代码是由来自C语言字符集中的字符组成的。C语言字符集包括字母、数字、空白符和一些特殊字符，其中：

(1) 字母。26个英文小写字母（a、b…z）和26个英文大写字母（A、B…Z）。

(2) 数字。10个十进制数字字符：0、1…9。

(3) 空白符。空白符包括空格符、制表符、回车换行符等。一般说来，空白符在程序中只起分隔单词的作用，编译程序对它们忽略不计。在程序中的适当位置增加空白符会增强程序的可读性。

为了表述的方便，本书中在需强调的地方用"↙"代表回车换行符，用"␣"代表空格符。

(4) 特殊字符。特殊字符包括+、-、*、/、%、=、(、)、<、>、[、]、{、}、!、&、|、,、?、~、#、_、'、"、;、:、.、\。

在编写C语言程序时，只能使用C语言字符集中的字符，且区分大小写字母。如果使用其他字符，C语言编译系统不予识别，均视为非法字符而报错。

2. 关键字

关键字也称保留字，是C语言中预定的具有特定含义的单词。由于这些字保留着C语言固有的含义，因此不能另作它用。

C语言中共有32个保留字，分为以下几类：

（1）类型说明保留字。即用于说明变量、函数或其他数据结构类型的保留字。它们是：int、long、short、float、double、char、unsigned、signed、const、void、volatile、enum、struct、union

（2）语句定义保留字。即用于表示一个语句功能的保留字。它们是：if、else、goto、switch、case、do、while、for、continue、break、return、default、typedef

（3）存储类说明保留字。即用于说明变量或其他数据结构存储类型的保留字。它们是：auto、register、extern、static

（4）长度运算符 sizeof。即用于以字节为单位计算类型存储大小的保留字。

注意：C语言保留字均使用小写字母。

3. 标识符

标识符是用户定义各种对象的名称。如用户定义的变量名、函数名、数组名、文件名、标号等都称为标识符。

C语言标识符的命名规则如下：

（1）标识符由字母（A～Z，a～z）、数字（0～9）和下画线（_）组成。

（2）标识符的第一个字符必须是字母或下画线，后续字符可以是字母、数字或下画线。

（3）标识符的长度因不同的编译系统会有所不同，但至少前8个字符有效。例如，如果一个系统最多识别8个字符，那么 student_1 和 student_2 将被视为同一名字，因为它们的前8个字符是相同的。在TC2.0和BC3.1中，标识符的有效长度为1～32个字符。在VC6.0中，标识符的有效长度为1～255个字符。

（4）标识符不能和C语言的关键字相同，也不能和已定义的函数名或系统标准库函数名同名。

（5）标识符区分大小写字母。例如 a 和 A 是两个不同的标识符。

（6）以下画线开头的标识符一般用在系统内部，作为内部函数和变量名。

（7）虽然可以随意命名标识符，但由于标识符是用来标识某个对象名称的符号，因此，命名应尽量有相应的意义，以便"见名知意"便于阅读理解。

下面列举的是几个正确和不正确的标识符名称：

  正确的标识符   不正确的标识符
  C   5_x （以数字开头）
  x1   x+y （出现非法字符+）
  sum_5   *Z3 （以*号开头）
  count_z3 $x_8 （出现非法字符$）
  test123   sum# （出现非法字符#）

1.4.4　C语言程序的开发过程

开发一个C语言应用程序的过程，随问题的复杂程度不同会有所不同。对于一个大型复杂的问题来说，应当采用软件工程的方法，运用工程学和规范化设计方法进行软件的开发工作。对于简单的问题，如果是一般的数值计算问题，可能会有现成的算法可供参考；如果是一个非数值计算问题，一般没有现成的算法可供利用，需要根据具体的问题由程序员自己设计出算法。然而，无论是一个大型复杂的问题或是一个简单的问题，在程序开发过程中通常都要经过下列几个步骤。

1. 需求分析

开发任何一个应用程序首先都要作需求分析，即先要对解决的问题进行"剖析"。需求分析阶段主要分析两方面问题：一是明确要解决的问题是什么，解决问题的目的和要达到的目标是什么，解决的主要问题中还涉及哪些子问题，以及主要问题和子问题之间的关系。二是要弄清楚解决的问题中要用到哪些数据，包括原始数据、中间数据和最终结果数据，以及数据的来源和特征。因为，数据的来源、可靠性和特征会直接影响到最终解决问题的结果。其次还要考虑各种客观环境对解决问题的影响等。

2. 确定算法

即根据需求分析阶段明确的问题和所要达到的目标，确定解决问题的方法和步骤。这一阶段的关键是在对解决的问题进行系统分析的基础上，建立数学模型和确定相应的求解方法。程序的功能关键是算法。在编制程序时，算法是对计算机解题过程的抽象，是程序的灵魂。

顺便指出：在学习程序设计语言时，要注意积累和留心一些基本的算法表达形式，如迭代和数值计算等，而非数值计算问题的算法比较复杂，要花些精力加以归纳和总结。

3. 程序设计

程序设计包括程序的总体设计和程序的详细设计两个方面：

程序总体设计的主要任务是将所解决的问题进行分割、离散和细化，确定应用程序的结构，建立相对独立的程序模块。

程序详细设计是根据总体设计划分的模块，分别设计出每个模块相应的数据类型和算法，画出流程图或用伪代码等表示。

4. 编写程序代码

根据算法表示的每一个步骤，用计算机语言（如C语言）编写源程序。这一步的关键在于要能熟练运用计算机高级语言中的典型算法，按照题意和编程语言的语法、语义、语句和程序组成规则，尽快整理出编程思路，尽量保证程序的清晰、简洁、完整和可读性。

开发人员可以先在草稿纸上勾画出自己的想法或书写代码，但最终必须将代码输入计算机。输入代码所采用的机制则取决于具体的编程环境。一般来说，需要使用文本编辑器（例如Windows的记事本）来创建一个包含程序设计在内的C语言表达形式的源代码文件，即C语言源文件。

5. 编译源文件

用计算机高级语言（如C语言）编写的程序计算机是不予直接执行的，需要经过编译转换成机器语言表示的程序，即可执行程序。编译源文件一般分两步完成：编译和链接。

编译是将源代码转换成目标代码的过程。因为源文件是以ASCII码形式存储的，计算机不能直接执行，必须翻译成计算机可以识别的二进制代码形式并存入目标文件中；链接是将目标代码与其他代码结合起来生成可执行代码并存入可执行文件中。这种把编译和链接分开来做的方法便于程序的模块化，即可以分别编译程序的各个模块，然后用链接器把编译过的模块结合起来。这样，如果需要改变一个模块，就不需要重新编译所有其他模块了。

6. 运行和调试程序

即运行可执行文件，观察运行的结果。在不同的系统中运行程序的方式可能不同，例如在 Windows 和 Linux 的控制台中，要运行某个程序，只需输入相应的可执行文件名称即可。而在 Windows 的资源管理器中，可以通过双击可执行文件名和图标来运行程序。

运行可执行文件是应用程序开发过程中的最后一步，但要想一次性得到程序的正确结果往往是困难的，还需要对程序进行若干次的调试。比较好的做法是为验证程序的正确性设计一个测试计划，而且这项工作越早做越好，因为它有助于理清程序员的思路。应该对程序进行仔细的检查，看程序是否在做该做的事。对程序中可能存在各种错误要进行调试，调试是为了发现程序中的错误并修正错误的过程。

1.4.5 C 语言程序的编程环境

在 1.4.4 节中我们介绍了 C 语言程序开发的一般过程，其中需求分析、确定算法、程序设计、编写程序代码属于应用程序开发的分析设计阶段，编译源文件、运行和调试程序属于应用程序开发的实施阶段，要在计算机程序开发环境下进行。由于 C 语言是可移植的，它在许多环境中都是可用的，如 UNIX、Linux、Windows 和 MS-DOS。下面简要介绍这些 C 语言编程环境中所共有的方面。

C 语言编程环境包括一系列程序，这些程序允许程序员输入代码创建程序、编译程序、链接程序、执行和调试程序。图 1-3 说明了在编程环境中创建程序的过程。

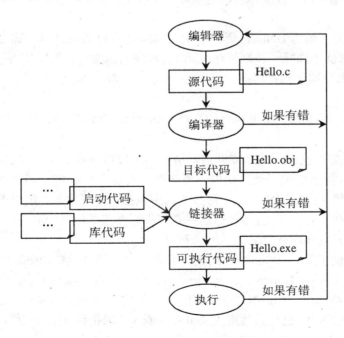

图 1-3　C 语言编程环境

1. 编辑器

用 C 语言编写程序时，需要使用一个文本编辑程序输入源代码，并将代码保存在源文件中。一般C语言程序的源文件名称的扩展名是.c，例如welcometoyou.c和hello.c。该名称应该遵循特定的操作系统的命名规则。例如，MS-DOS要求基本名包含的字符数不能大于8，所以welcometoyou.c不是合法的DOS文件名。Windows允许长文件名，所以welcometoyou.c是合法的Windows文件名。

2. 编译器

正如前面所介绍的，不同的计算机有不同的机器语言，C编译器用来把C语言转换成特定的机器语言。编译器接收源文件，生成目标文件，扩展名为.obj或.o。

编译器还会检查输入的程序是否是有效的C语言程序。如果编译器发现错误，就会报告出错，且不能生成可执行程序。这时就必须修改错误，然后再编译。显然，为了能迅速找到错误，理解特定编译器的报错信息是重要的。

3. 链接器

虽然编译后生成的目标文件包含的已经是机器语言代码，但是该文件还不是一个完整的可执行程序，不能运行。目标文件中所缺少的第一个元素是一种叫做启动代码的东西，该代码相当于程序和操作系统之间的接口，而缺少的第二种元素是库函数的代码。几乎所有的C语言程序都利用标准C库中所包含的函数。因为目标文件中不包含这些函数的代码，实际的代码存储在另一个称为"库"的文件中。库文件中包含许多函数的目标代码。

链接器的作用就是将这三个元素（目标代码、启动代码和库代码）结合起来，并将它们放在一个文件中，即可执行文件，扩展名为.exe或.out。对库代码来说，链接器只从库中提取使用到的函数的代码。

在一些系统上，必须分别运行编译器和链接器，而在另一些系统上，编译器可以自动启动链接器。

C的早期目标就是为了编写UNIX，所以UNIX本身提供C的编译器，称为cc。可以从众多的UNIX文本编辑器中选择一种来创建C语言程序的源文件，例如用vi编辑器创建hello.c，然后用下面的命令编译该程序：

cc hello.c↙

如果程序没有错误，将得到一个可执行的文件hello.out。要运行该文件，只需输入：

hello.out↙

cc在编译生成目标文件hello.o后，立即启动链接器生成可执行文件，并删除目标文件。

因为Windows并不包含C编译器，所以需要获得并安装一个C编译器。而许多现代的编译器都是集成开发环境（或叫IDE）的一部分，其中包括一个编辑器、编译器、链接器和包括一个符号调试程序在内的运行支持系统。这些系统程序在菜单驱动的命令解释器中使用，让开发人员不离开集成开发环境就能编辑、编译和运行程序。

许多软件厂商都提供了基于Windows的集成开发环境，例如Microsoft公司的Visual C/C++、Borland公司的C/C++ Builder、Metrowerks公司的Code Warrior等。目前，大多数IDE把C和C++编译器结合在一起。本书中所有的例程都是在Windows XP上使用Microsoft的Visual C/C++ 6.0开发的，并且将直接用Visual C++或VC来指代Visual C/C++ 6.0或其更新的版本。

虽然DOS已经很少见了，但是某些情况下可能还是需要在DOS上编写、运行C语言程序。DOS也不带C编译器，需要获得并安装一个C编译器。如有必要，Borland公司的Turbo C 2.0/3.0是不错的选择，它们是基于DOS的IDE。其实，许多Windows上的IDE也提供了在 DOS 命令行环境中编程的命令行工具。

1.5 算法及其表示

1.5.1 算法的概念

所谓算法就是解决某一问题所采取的方法和步骤。人们在社会实践中从事的各项活动都涉及算法，如学习、购物、处理家务、体育锻炼等活动，都必须按既定的方法和步骤进行。不过，我们在这里所关心的只限于计算机算法，即在计算机中能够实现的算法。计算机算法具有下述一些特性。

1. 有穷性

一个算法应包含有限个操作步骤，而且每一步都在合理的时间内完成。也就是说，在执行若干个操作步骤之后，算法就将结束，而不能是无限的。

2. 确定性

算法中的每一个步骤都应当是确定的，而不是含糊的，模棱两可的。也就是说，在程序中的每一条指令都必须有确定的含义，不能有二义性。

3. 有效性

算法中的每一个步骤都应当能有效地执行，并能得出确定的结果。例如，如果 a=0，则运算式 b/a 是无法有效执行的。

4. 有零个或多个输入

所谓输入是指在执行指定的算法时，需要从外界获取的信息。对于要处理的数据，大多通过输入得到，输入的方式可以通过键盘或文件等。一个算法也可以没有输入，例如，使用计算式 1×2×3×4×5，就能求出 5！。

5. 有一个或多个输出

执行算法的目的就是为了对问题的求解，"解"就是输出。一个没有输出的算法是毫无意义的。因此，当执行完算法之后，一定要有输出的结果。输出的方式可以通过显示器、打印机或文件等。

1.5.2 算法的表示

算法的表示方法有很多种，常用的有自然语言、伪代码、流程图、结构化流程图、PAD 图等。为便于说明和比较起见，下面介绍如何用自然语言、伪代码和流程图表示算法的方法。

1. 用自然语言表示算法

用自然语言表示算法，就是用人们日常使用的语言来描述或表示算法的方法。

【例 1.3】从键盘输入 n 个整数，求其中的最大数。

用自然语言表示如下：

步骤 1：声明整型变量 n、i、num、max。其中：n 代表整数的个数，i 代表已参与取值比较的整数个数，num 代表参与取值比较的整数，max 代表 n 个整数中的最大数。

步骤 2：从键盘输入一个整数给变量 num，再将 num 的值赋给变量 max，并使 i=1。

步骤 3：如果 i<n，再从键盘输入一个整数给变量 num。

步骤 4：如果 num>max，将 num 的值赋给 max，即 max=num，否则 max 的值为原值。

使 i 的值加 1，即 i=i+1。

步骤 5：如果 i 仍小于 n，重复执行步骤 3 和步骤 4；否则输出 max 的值，即输出 n 个整数中的最大数。算法结束。

用自然语言表示算法方便、通俗，但文字冗长，容易出现"歧义性"，不方便表示分支结构和循环结构的算法。因此，除特别简单的问题外，一般不用自然语言表示算法。

2. 用伪代码表示算法

伪代码是一种既接近于程序设计语言，但又不受程序设计语言语法约束的一种算法表示方法。若将【例 1.3】算法用伪代码表示，可表示为如下形式：

```
input n
input num
max=num
i=1
while i<n do
input num
if num>max then
    max=num
end if
i=i+1
end do
print max
```

可以看出，用伪代码表示算法，是自上而下用一行或若干行代码形式表示一个基本操作，步骤清楚，功能明了，便于分析和修改，这种方法是程序员在设计算法过程中常用的一种表示方法。

3. 用流程图表示算法

用流程图表示算法，就是用一些图框和方向线来表示算法的图形表示法。美国国家标准化协会 ANSI（American National Standard Institute）规定了一些常用的流程图符号，用这些不同的图框符代表不同的操作，如图 1-4 所示。

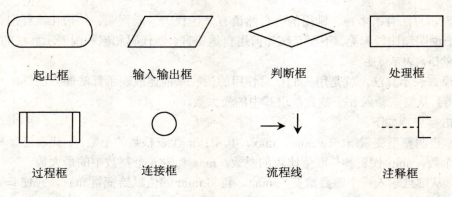

图 1-4　流程图图框

若将【例1.3】算法用流程图表示，如图1-5所示。

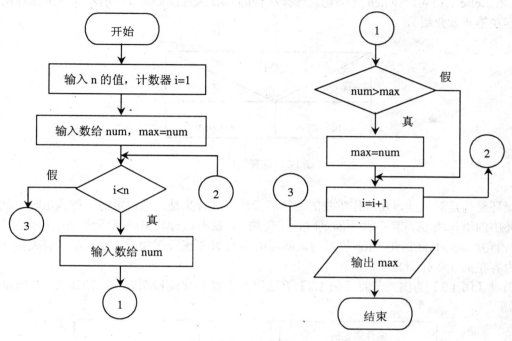

图1-5 用流程图表示算法

用流程图表示算法，直观形象、易于理解，较清楚地显示出各个框之间的逻辑关系和执行流程。目前大多数计算机教科书中都广泛使用这种流程图表示算法。当然，这种表示法也存在着占用篇幅大、画图费时、不易修改等缺点。

1973年美国学者I.Nassi和Shneiderman提出了一种新的流程图形式。在这种流程图中去掉了流程线，全部算法都写在一个包含基本结构框形的矩形框内。这种流程图又称为N-S结构化流程图。N-S结构化流程图最大的特点就是结构性强、精练。

我们知道，结构化程序由三种基本结构组成，即顺序结构、选择（分支）结构和循环控制结构，并且每一种基本结构只有一个入口和一个出口。

顺序结构是一种最常用的程序结构，在顺序结构里，各语句块是按顺序依次执行的。组成顺序结构的基本语句通常是赋值语句、输入输出等语句。顺序结构的N-S流程图如图1-6所示（有关顺序结构的内容在第3章介绍）。

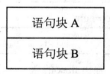

图1-6 顺序结构

选择结构是一种分支结构，在选择结构里，语句块的执行要根据给定的条件判断，如果条件成立执行语句块 A，否则执行语句块 B 或下续语句。组成选择结构的基本语句通常是 if 语句、if…else…语句、switch 等语句。选择结构的 N-S 流程图如图 1-7 所示（有关选择结构的内容在第 4 章介绍）。

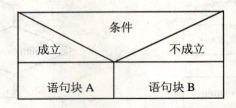

图 1-7　选择结构

循环结构是对某些语句块作重复的运算和操作。其含义是：当给定的条件满足时，就执行循环中的语句块 A，当条件不满足时，语句块 A 就不执行。组成循环结构的基本语句是 while 语句、do-while 语句、for 等语句。循环结构的 N-S 流程图如图 1-8 所示（有关循环结构的内容在第 5 章介绍）。

仍以【例 1.3】为例，若将【例 1.3】算法用 N-S 结构化流程图表示，则如图 1-9 所示。

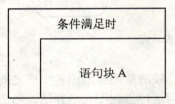 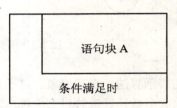

图 1-8　循环结构

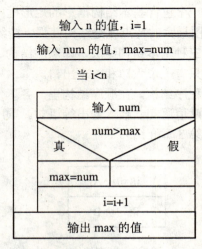

图 1-9

本 章 小 结

　　本章主要介绍了 C 语言的发展和特点、计算机语言与程序设计的基本方法、C 语言程序的基本结构与开发过程，以及算法的概念及其表示。

　　C 语言之所以能得到迅速的发展并广为流行，是因为它具有优良的特性；计算机语言有三类：机器语言、汇编语言和高级语言，C 语言是高级语言；程序设计的基本方法有面向过程的程序设计和面向对象的程序设计；C 语言程序是由一个或多个函数组成的，函数是 C 语言程序的基本单位，无论一个 C 语言程序中包含多少个函数，其中有且仅有一个主函数；一个 C 语言程序编写好之后，要在一定的编程环境下经过编辑、编译、链接、运行，才能得到程序的结果。

思 考 题

1. C 语言有哪些主要特点？
2. 何谓面向过程和面向对象的程序设计？
3. C 程序开发的基本过程有哪些？
4. C 程序的基本结构有哪些？
5. 什么是算法？如何表示？

第2章 基本数据类型、运算符和表达式

C语言的一个主要特点就是它具有丰富的数据类型和运算符。C语言处理的数据类型不仅有字符型、整型、实型等基本数据类型，还可以有由它们构成的数组、结构等构造类型以及指针类型等；丰富的运算符使得C语言描述各种算法的表达方式也更具灵活性。

本章主要介绍C语言的字符集和保留字、C语言的基本数据类型、常量和变量、基本运算符与表达式。重点阐述了变量的基本概念和类型说明、基本运算符的优先级和结合性以及数据类型转换等的内容。本章重点掌握C语言的基本数据类型及其使用、各类变量的说明、初始化和基本运算符及其表达式的使用。

2.1 数据与数据类型

2.1.1 程序中数据的表示形式

程序中处理的主要对象是数据，数据在程序中有两种表示形式：常量和变量。要创建一个应用程序，首先要描述算法，算法中要说明的数据也是以常量和变量的形式来描述的。所以，常量和变量是程序员编程时使用最频繁的两种数据形式。

1. 常量

常量用来表示数据的值，它在程序运行期间其值是不可改变的。在C语言中，常量有两类表示形式：值常量和符号常量。

（1）值常量

值常量，也称直接常量或字面值，即直接以输入输出字面值表示。

例如：

46、-35、235.8、'a'、'm'、"programming"等。

值常量在程序中可以直接使用。

（2）符号常量

符号常量，也称为宏，是用一个标识符来代表一个常量。符号常量和值常量不一样，它不能直接使用，要遵循"先定义，后使用"的原则。即符号常量在使用前要先作明确的定义，然后才能在程序中代替常量使用。

有关常量的具体使用将在2.2.1节中介绍。

2. 变量

变量是在程序运行期间其值可以改变的量。变量有两个基本要素：变量名和变量值。变量名说明变量的名称，变量值代表变量的意义，通过变量名引用变量的值。变量名的命名应遵循C语言标识符的命名规则（见1.4.3节）。

程序中要使用变量必须"先定义，后使用"，这样做以便让编译系统为变量分配相应的

存储单元,用以存放变量的值。

有关变量的具体使用将在 2.2.2 节中介绍。

2.1.2 C 语言的数据类型

在程序中对所用到的数据都要指定其数据结构,即要说明数据的组织形式。在 C 语言中,对数据结构的描述是通过说明数据类型来体现的。强调数据类型的意义在于确定不同数据类型的存储长度、取值范围和允许的操作。

C 语言的数据类型有基本类型、构造类型、指针类型和空类型,如图 2-1 所示。

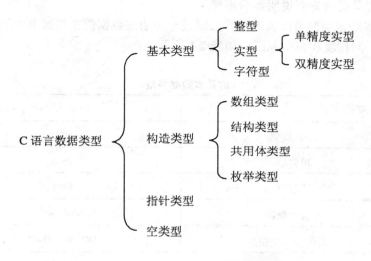

图 2-1　C 语言数据类型

1. 基本类型

基本数据类型的主要特点是其值不可再分解为其他类型。C 语言的基本数据类型包括整型、实型(也称浮点型)和字符型。由基本类型可以构造出其他复杂的数据类型,如数组、结构、共用体和枚举。本章主要介绍基本数据类型,其他数据类型将在后续章节中介绍。

2. 构造类型

构造类型是根据已定义的一种或多种数据类型用构造的方法定义的。也就是说,一个构造类型的值可以分解成若干个"成员"或"元素"。每个"成员"或"元素"都是一个基本数据类型或又是一个构造类型。C 语言的构造类型包括:数组类型、结构类型和共用体类型。

3. 指针类型

指针是一种特殊而又具重要作用的数据类型,其值表示某个量在内存中的地址。虽然指针变量的取值类似于整型量,但这是两种完全不同类型的量,一个是变量的数值,而指针变量的值是变量在内存中存放的地址。

4. 空类型(无值型)

通常情况下,在调用函数时被调用函数要向调用函数返回一个函数值。函数值的类型应该在定义函数时在函数的说明部分(函数头)加以说明。例如,在【例 1.2】中给出的 max 函数定义中,函数说明部分为 "int max(int a,int b,int c)"。其中,写在函数名 max 之前的类型说明符"int"就限定了该函数的返回值为整型。但是,在实际应用中也有这样一类函数:该函数被调用后无需向调用函数返回函数值,即该函数只是作为调用函数执行中的一个"过程"。像这样一类函数定义为"空类型"(也称"无值型"),其类型说明符为 void。

2.1.3 C 语言基本数据类型

C 语言的基本数据类型包括整型、实型、字符型三种类型。

整型类型的数据用于表达或存储整数值,实型类型的数据用于表达或存储实数值,字符类型的数据用于表达或存储 ASCII 码字符。在程序中,整型常量、实型常量和字符型常量是可以直接引用的,但变量必须先要说明然后再使用。

在 C 语言中,基本数据类型可以加带说明前缀进一步明确数据值在其类型中的含义,以准确说明数据适应的不同精度和取值范围,如表 2.1 所示。

表 2.1　　　　　　　　　　　　C 的基本数据类型

数据类型		类型说明符
整型	基本整型	int
	短整型	short
	长整型	long
	无符号整型	unsigned
	无符号短整型	unsigned short
	无符号长整型	unsigned long
实型	单精度实型	float
	双精度实型	double
字符型		char

2.1.4 不同数据类型间的转换与运算

在 C 语言中,不同类型的量可以参与同一表达式的运算。当参与同一表达式运算的各个量具有不同类型时,需进行类型转换。转换的方式有两种:"自动类型转换"和"强行类型转换"。

1. 自动类型转换

自动类型转换是当参与同一表达式中的运算量具有不同类型时,编译系统自动将它们转换成同一类型,然后再按同类型量进行运算的类型转换方式。

自动转换的规则为:当两个运算量类型不一致时,先将低级类型的运算量向高级类型的运算量进行类型转换,然后再按同类型的量进行运算。由于这种转换是由编译系统自动完成的,所以称为"自动类型转换"。各类型间自动类型转换规则如图 2-2 所示。

图中的箭头方向表示类型转换方向。横向向左箭头表示必定转换,如 float 类型必定转换成 double 类型进行运算（以提高运算精度）；char 和 short 型必定转换成 int 类型进行运算；纵向向上箭头表示当参与运算的量其数据类型不同时需要转换的方向，转换由"低级"向"高级"进行。例如，int 型和 long 型运算时，先将 int 型转换成 long 型，然后再按 long 型进行运算。float 型和 int 型运算时，先将 float 型转换成 double 型、int 型转换成 double 型，然后再按 double 型进行运算。从自动类型转换规则可以看出，这种由"低级"向"高级"转换的规则确保了运算结果的精度不会降低。自动类型转换也称隐式类型转换。

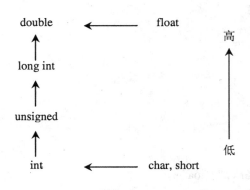

图 2-2　自动类型转换规则

2. 强制类型转换

自动类型转换提供了一种由"低级"类型向"高级"类型转换的运算规则，但有时候由于应用的需要想有意识地将某个表达式值的类型改变为指定的数据类型。为此，C 语言提供了一种强制类型转换功能。

强制类型转换的一般格式为：

（数据类型说明符）（表达式）

其功能是把表达式的运算结果强制转换成数据类型说明符所表示的类型。式中的"（数据类型说明符）"称为强制类型转换运算符，它是一个单目运算符，优先级为 2 级，结合性自右向左。

例如：

（int）6.25

即将浮点常量 6.25（单个常量或变量也可视为表达式）强制转换为整型常量，结果为 6。

例如：

（double）i

即将整型变量 i 的值转换为 double 型。

例如：

（int）（f1+f2）

即将 f1+f2 的值转换为 int 型。

实际应用中，一般当自动类型转换不能实现目的时，使用强制类型转换。强制类型转换主要用在两个方面：一是参与运算的量必须满足指定的类型，如模运算（或称求余运算）要求运算符（%）两侧的量均为整型量。二是在函数调用时，因为要求实参和形参类型一致，因此可以用强制类型转换运算得到一个所需类型的参数。

需要指出的是，无论是自动类型转换或是强制类型转换，都只是为了本次运算的需要而对变量或表达式的值的数据长度进行临时性转换，而不会改变在定义变量时对变量说明的原类型或表达式值的原类型。强制类型转换也称为显式类型转换。

【例 2.1】分析以下程序结果：

```
#include<stdio.h>

void main()
{
    int  n;
    float f;

    n=25;
    f=46.5;

    printf("(float)n=%f\n",(float)n);
    printf("(int)f=%d\n",(int)f);
    printf("n=%d,f=%f\n",n,f);
}
```

程序运行结果为：
(float)n=25.000000
(int)f=46
n=25,f=46.500000
可以看出，n 仍为整型，f 仍为浮点型。

2.2 常量、变量和标准函数

2.2.1 常量

在程序运行期间其值不能被改变的量称为常量。C 语言中使用的常量分为两类：数值型常量和字符型常量。数值型常量包括整型常量和浮点型常量，字符型常量包括字符常量、字符串常量、符号常量和转义字符常量。

除符号常量外，其他各类常量不需要说明即可直接使用。

1. 整型常量

整型常量就是整数。在 C 语言中，整型数有三种表示形式：十进制整型数形式，八进制整型数形式和十六进制整型数形式。

（1）十进制整型数

用（0~9）10 个数字表示。例如：
12，65，-456，65535 等。

（2）八进制整型数

以 0 开头，用（0~7）8 个数字表示。例如：
014，0101，0177777 等。
（3）十六进制整型数
以 0X 或 0x 开头，用（0~9）10 个数字、A~F 或 a~f 字母表示。例如：
0xC，0x41，0xFFFF 等。
八进制数和十六进制数一般用于表示无符号整数。
（4）长整型数
在 C 语言中，整型数又可分为基本整型、长整型、短整型、无符号整型等。
长整型数用后缀"L"或"l"来表示的。例如：
十进制长整型数：　　12L，65536L 等。
八进制长整型数：　　014L，0200000L 等。
十六进制长整型数：0XCL，0x10000L 等。
（5）无符号整型数
无符号整型数用后缀"U"或"u"表示。例如：
十进制无符号整型数：　　15u，234u 等。
八进制无符号整型数：　　017u，0123u 等。
十六进制无符号整型数：　0xFu，0xACu 等。
十进制无符号长整型数：　15Lu，543Lu 等。

【例 2.2】整型数的三种表示形式。

```c
#include<stdio.h>

void main()
{
    int a,b,c;

    a=20;
    b=027;
    c=0x3F;

    printf("%d,%d,%d\n",a,b,c);
    printf("%o,%o,%o\n",a,b,c);
    printf("%x,%x,%x\n",a,b,c);
}
```

运行结果为：
20,23,63
24,27,77
14,17,3f
说明：输出时，八进制不输出前导符 0，十六进制不输出前导符 0x。

2. 实型（浮点型）常量
实型常量就是实数，也称浮点数。在 C 语言中，实型常量有两种表示形式：十进制小数形式和十进制指数形式。

（1）十进制小数形式

由数字 0~9 和小数点组成。例如：

0.0，.123，456.0，7.89，0.18，-123.45670 等。

注意：实数的小数形式必须有小数点的存在。例如：

0.和 0，456.和 456 是两种不同类型的量，前者是实型量，后者是整型量，它们的存储形式和运算功能不同。

（2）指数形式

指数形式又称为科学记数法。由整数部分、小数点、小数部分、E(或 e)和整数阶码组成。其中阶码可以带正负号。

例如：

$1.2 \times 10^5 = 120000$ 可写成实数指数形式为：

1.2E5 或 1.2E+5

$3.4 \times 10^{-2} = 0.034$ 可写成实数指数形式为：

3.4E-2

以下是不正确的实数指数形式：

E3　　　（E 之前无数字）

12.-E3　（负号位置不对）

2.0E　　（无阶码）

3. 字符常量

在 C 语言中，字符常量用单引号括起来的单个字符表示。例如：

'a'，'A'，'='，'+'，'?' 等

都是合法字符常量。

字符常量在计算机中是以 ASCII 码值存储的。因此，每个字符都有对应的一个 ASCII 码值（见附录 1）。

字符常量有以下特点：

①字符常量只能用单引号括起来，不能用双引号或其他括号。

②字符常量只能是一个字符，不能是多个字符或字符串。

③字符常量可以是字符集中的任意字符。

在 C 语言中，还有一种特殊的字符常量称为"转义字符"。转义字符主要用来表示那些不可视的打印控制字符和特定的功能字符。

转义字符以反斜杠"\"开头，后跟一个或几个字符。

转义字符具有特定的含义，不同于字符原有的意义。

例如，函数调用语句 printf（"C Programming\n"）;在输出字符串"C Programming"后，再输出回车换行。其中"\n"是一个转义字符，意义是"回车换行"。常用的转义字符及其含义见表 2.2。

表 2.2　　　　　　　　　　C 语言中常用的转义字符

转义字符	转义字符的意义	ASCII 码
\n	回车换行(Newline)	010
\t	横向跳到下一制表位置(Tab)	009
\v	竖向跳格(Vertical)	011
\b	退格(Backspace)	008
\r	回车(Return)	013
\f	走纸换页(Form Feed)	012
\\	反斜线符"\"(Backslash)	092
\'	单引号符(Apostrophe)	039
\"	双引号符(Double quote)	034
\a	鸣铃(Bell)	007
\0	空字符(NULL)	000
\ddd	1~3 位八进制数所代表的字符	1~3 位八进制数
\xhh	1~2 位十六进制数所代表的字符	1~2 位十六进制数

使用转义字符"\ddd"和"\xhh"可以方便地表示任意字符。例如'\101'或'\x41'表示字母 A，'\102'或'\x42'表示字母 B。

'\0'或'\000'是代表 ASCII 码为 0 的控制字符，即空操作符。

注意，转义字符中的字母只能使用小写字母。在 C 程序中，对不可打印的字符，通常用转义字符表示。

【例 2.3】转义字符的应用。
#include<stdio.h>

void main()
{
   int a,b,c;

   a=1; b=2; c=3;

   printf("%d\n\t%d%d\n%d%d\t\b%d\n",a,b,c,a,b,c);
}
程序输出结果为：
1
　　　　　23
12　　　3

（请读者对输出结果自己进行分析）

4. 字符串常量

字符串常量由一对双引号括起的字符序列组成。例如：

"Wuhan"，"C Language Programming"，"$1000" 等都是合法的字符串常量。

字符串常量和字符常量的主要区别：

①字符常量用单引号作为定界符，字符串常量用双引号作为定界符。

②字符常量只能是单个字符，字符串常量则可以含一个或多个字符。字符串常量中所含字符的个数，称为字符串的长度。

③可以把一个字符常量赋给字符型变量，但不能把一个字符串常量赋给字符型变量。在C语言中，没有字符串型变量。

④字符常量占一个字节的内存空间，字符串常量占的内存字节数等于字符串中字符的个数加 1。（在存放字符串时，每个字符串的末尾增加了一个字符串结尾符"\0"，该结尾符作为字符串结束标志。）例如：

字符串"C Language programming"，在内存中存放的字符为：C Language programming\0，共占 23 个字节。

注意，双引号是字符串的定界符，不是字符串的一部分。如果字符串中需含有双引号("），则要使用转义符。例如：

printf("he said \"I am a student.\"\n");

则输出：

he said "I am a student."

5. 符号常量

符号常量，也称为宏，是用一个标识符来代表一个常量。

符号常量遵循"先定义后使用"的原则，即在使用之前需先定义符号常量，然后才能在程序中代替常量使用。定义符号常量的一般形式为：

#define 标识符 常量

其中：标识符（宏名）被定义为符号常量，其值为后面的常量值。习惯上，符号常量使用大写字母形式。

定义符号常量的目的是为了提高程序的可读性，便于程序的调试、快速修改和纠错。当一个程序中要多次使用同一常量时，可定义符号常量。这样，当要对该常量值进行修改时，只需对宏定义命令中的常量值进行修改即可。

【例2.4】符号常量的使用。问题：求半径为 r 的圆面积、圆周长和圆球体积。

```
#include<stdio.h>
#define PI 3.1415926

void main()
{
    float r,s,c,v;

    printf("请输入半径值：\n");
    scanf("%f",&r);
```

```
        s=PI*r*r;
        c=2*PI*r;
        v=4.0/3.0*PI*r*r*r;

        printf("s=%f\n",s);
        printf("c=%f\n",c);
        printf("v=%f\n",v);
}
```
程序运行结果如下：
请输入半径值：
6✓
s=113.097336
c=37.699112
v=904.778687

程序在运行过程中，每次遇到符号常量 PI 时就会用所定义的常量值 3.1415926 替代，这一过程也称"宏替换"。

注意：符号常量不是变量，它所代表的值在整个作用域内不能再改变，即不允许对它重新赋值。

2.2.2 变量

在程序运行过程中其值可以改变的量称为变量。

所有变量在使用前必须先定义。定义一个变量包括：

①指定一个变量标识符，即变量的名称。

②指定变量的数据类型。（变量的数据类型决定了变量值的数据类型、表现形式和分配内存空间的大小，同时也指定了对该变量能执行的操作。）

③指定变量的存储类别，即变量的作用域和生存期。

本章按 C 语言缺省存储类别定义变量，即按自动存储类别定义变量。有关变量的存储类别将在第 7 章中详细介绍。

定义变量的一般形式：

<数据类型说明符>　<变量名表>

例如：

```
int  num;           //定义变量 num 为基本整型变量
char  c1,c2;        //定义变量 c1、c2 为字符型变量
float  f1,f2,f3;    //定义变量 f1、f2、f3 为单精度实型变量
double  area;       //定义变量 area 为双精度实型变量
```

在程序中使用变量时，变量必须有确定的值，否则系统以一个不确定的值参与操作（有的系统置初值为零）。因此，在定义变量时可以给变量赋一个初值，即对变量进行初始化。

例如：

int x=238,y=345;

即给变量 x 存储单元赋予数据值 238，给变量 y 存储单元赋予数据值 345。如果给变量 x

和 y 赋予了新的值，那么它们存储单元内原数据值就会改变。一个变量只能有一个确定的值。当变量赋予新值时，原来的值就被新值所取代。

说明：
① 允许在一个数据类型说明符后定义多个相同类型的变量，各变量名之间用逗号分隔。
② 在定义变量时，类型说明符与变量名之间至少用一个空格分隔。
③ 定义变量放在使用变量之前，一般放在函数体的开头部分。
④ C 语言允许在定义变量的同时为需要初始化的变量赋予初值，并且可以为多个同类型的变量赋同一初值，但要分别赋给各个变量。例如：

int x=y=z=10;

是错误的，正确的写法应该是：

int x=10,y=10,z=10;

1. 整型变量

在 C 语言中，整型变量分为基本型、短整型、长整型和无符号型。无符号型又可与前三种类型组合出无符号基本型、无符号短整型和无符号长整型，总共有六种类型。数据类型的描述确定了数据所占内存空间的大小和取值范围。表 2.3 列出了在 16 位计算机中整型类型在内存中所占字节数以及取值范围。

表 2.3　　　　　　　　　　　　整型类型分类表

变量类型名	类型说明符	所占字节数	取值范围
基本整型	int	2	−32768~32767
短整型	short int(short)	2	−32768~32767
长整型	long int(long)	4	−2147483648~2147483647
无符号基本型	unsigned int	2	0~65535
无符号短整型	unsigned short int	2	0~65535
无符号长整型	unsigned long int	4	0~4294967295

说明：
① 标准 C 语言并没有具体规定各类数据所占内存的字节数，不同的编译系统在处理上有所不同，一般取计算机系统的字长或字长的整数倍作为数据所占的长度。
② 在 Turbo C 中，基本型（int）和短整型（short）是等价的，都是占 2 个字节；在 VC 中，int 类型和 short 类型所占的字节数是不同的，int 类型占 4 个字节，short 类型占 2 个字节。

【例 2.5】在 Visual C++ 6.0 编程环境下，输出整型数据所占字节的大小。

```
#include <stdio.h>

void main()
{
```

```
        printf("基本型占%d 个字节。\n",sizeof(int));
        printf("短整型占%d 个字节。\n",sizeof(short));
        printf("长整型占%d 个字节。\n",sizeof(long));
        printf("无符号基本型占%d 个字节。\n",sizeof(unsigned));
        printf("无符号短整型占%d 个字节。\n",sizeof(unsigned short));
        printf("无符号长整型占%d 个字节。\n",sizeof(unsigned long));
}
```
程序运行结果为：
基本型占 4 个字节。
短整型占 2 个字节。
长整型占 4 个字节。
无符号基本型占 4 个字节。
无符号短整型占 2 个字节。
无符号长整型占 4 个字节。

以上程序中使用了 C 语言内置的单目运算符"sizeof"，该运算符称为"长度运算符"或"取占内存字节数"运算符，运算优先级为 2 级，运算结合性为右结合。使用 sizeof 构成表达式的一般格式为：

sizeof(类型说明符)

sizeof(常量)

其值为类型说明符指定类型数据或某常量在内存中所占的字节数。

例如：

sizeof(int)   //该表达式的值为 4，即 int 型数据在内存中占 4 个字节

sizeof(short)   //该表达式的值为 2，即 int 型数据在内存中占 2 个字节

sizeof(322)   //该表达式的值为 4，即整数 322 在内存中占 4 个字节

【例 2.6】求 50 的三次方。

```
#include<stdio.h>

void main()
{
    short int x;

    x=50*50*50;
    printf("%d\n",x);
}
```
程序运行结果为：

–6072

显然，这个结果是不正确的。其原因是 50*50*50 的值超出了短整型变量 x 的取值范围（125000>32767）。因此，应将变量 x 定义为基本型或长整型，即将以上程序中的第 4 行改为：int x;，程序如下：

```
#include<stdio.h>

void main()
{
    int x;                      //或改为：long int x;

    x=50*50*50;
    printf("%d\n",x);
}
```
程序运行结果为：
125000

本例说明，在定义变量时，要注意不同数据类型的取值范围，当其值超出了最大取值范围时，就会产生"溢出"错误。

2. 实型变量

实型变量也称浮点型变量。在 C 语言中，浮点变量分为单精度型、双精度型和长双精度型三类。C 语言编译程序为不同类型的数据分配不同大小的存储空间，表 2.4 中列出了在 16 位计算机中的浮点型数据在内存中所占的字节数、取值范围和有效数字。

表 2.4　　　　　　　　　　　　　浮点类型分类表

变量类型名	类型说明符	所占字节	取值范围	有效数字
单精度型	float	4	$\pm 3.4 \times 10^{-38} \sim \pm 3.4 \times 10^{38}$	7
双精度型	double	8	$\pm 1.7 \times 10^{-308} \sim \pm 1.7 \times 10^{308}$	16
长双精度型	long double	10	$\pm 1.2 \times 10^{-4932} \sim \pm 1.2 \times 10^{4932}$	19

说明：

①在 VC 中，long double 类型占 8 个字节。

②所有浮点常量默认为 double 类型，当把一个浮点常量赋给不同精度的浮点变量时，系统将根据变量的类型截取浮点常量的有效数字。如果要把一个浮点常量指定为 float 类型，则需要在常量后加后缀 f 或 F；指定为 long double 类型时，需加后缀 l 或 L。

【例 2.7】分析以下程序的运行结果。

```
#include<stdio.h>

void main()
{
    float f;
    double d;
```

```
        f=123456789.345;
        d=123456789.345;

        printf("f=%f\n",f);
        printf("d=%f\n",d);
}
```

编译以上程序时，系统会对程序中的第 6 行语句给出以下警告信息：
warning C4305: '=' : truncation from 'const double' to 'float'
即警告：系统会将赋值运算符"="后面的 double 型常量按 float 型有效位数进行截取。尽管警告性错误仍允许程序继续执行运行操作，但有时会影响程序运行的结果。

以上程序运行结果为：
f=123456792.000000
d=123456789.345000

可以看出，由于变量 f（单精度浮点型变量）有效数字为 7 位，故后两位数字为无效数字；变量 d（双精度浮点型变量）有效数字为 16 位，故以上数字全部为有效数字。

3. 字符型变量

字符型变量用来存放字符常量，即存放一个字符。字符型变量的类型说明符是 char。按定义变量的一般格式定义字符变量，例如：

    char c1,c2;   //定义变量 c1、c2 为字符型变量
    char ch1,ch2='A';   //定义变量 ch1、ch2 为字符型变量，且变量 ch2 的初值为字符 A

系统为每个字符型变量分配一个字节的内存空间，用于存放一个字符。在内存单元中，实际上存放的是字符的 ASCII 码值。例如：

    char c1='A',c2='a';

则在内存中：
c1 单元存放的是 01000001（十进制 65）；
c2 单元存放的是 01100001（十进制 97）。

由此可见，字符数据在内存中的存储形式与整型数据的存储形式类似。所以，在 C 语言中字符型数据和整型数据之间可以通用，即：

允许对整型变量赋以字符值；
允许对字符变量赋以整型值；
允许把字符变量按整型量输出；
允许把整型量按字符量输出；
允许整型量和字符量相互运算。

注意，由于整型数据占用的字节数要比字符型数据多，故当整型数据按字符型数据处理时，只有低 8 位字节参与操作。

【例 2.8】 字符型变量的使用。

```
#include<stdio.h>

void main()
{
```

```
    char c1,c2;
    int  x;

    c1=65;
    c2=97;
    x=100-c1;

    printf("c1=%c,c2=%c\nc1=%d,c2=%d\nx=%d\n",c1,c2,c1,c2,x);
}
```
程序运行结果为:
c1=A,c2=a
c1=65,c2=97
x=35

【例2.9】将小写字母转换为大写字母。
```
#include<stdio.h>
void  main()
{
    char c1,c2;
    c1='a';
    c2='b';
    c1=c1-32;
    c2=c2-32;
    printf("%c,%c\n%d,%d\n",c1,c2,c1,c2);
}
```
程序运行结果为:
A,B
65,66

C语言允许字符型变量用字符的ASCII码参与数值运算。因为大小写字母的ASCII码相差32,所以运算后很方便地将小写字母换成大写字母。

2.2.3 库函数

为了方便用户开发C语言应用程序,每一种C语言编译系统都提供了一个能用于完成大部分常用功能的库函数。这些函数按应用功能分为字符类型分类函数、转换函数、目录路径函数、诊断函数、图形函数、输入输出函数、接口函数、字符串函数、内存管理函数、数学函数、日期和时间函数、进程控制函数等。在编写程序时,用户只需通过指定函数名及其相应的参数即可调用库函数。

函数与变量一样在使用之前必须说明,所谓说明函数是指说明函数的类型、函数的名称、函数的参数以及参数的类型。一般C语言库函数的函数原型定义都放在头文件(header file)中。系统提供的头文件均以.h作为文件的后缀。例如,输入输出函数包含在stdio.h中,数学函数包含在math.h中。因此,在使用库函数时应该遵循C语言的规则,在程序开头用include

命令将调用库函数时所需用到的信息"包含"进来。例如,调用标准输入输出函数时,要求程序在调用前包含以下的命令:

#include <stdio.h>

或

#include "stdio.h"

用户在使用库函数时必须先知道该函数包含在什么样的头文件中,在程序的开头用#include<*.h>或#include"*.h"加以说明。只有这样,程序在编译、链接的时候系统才知道它是提供的库函数,否则将认为是用户自己编写的函数而不能装配。

不同编译系统所提供的库函数的函数数目和函数名以及函数功能不完全相同,本书附录 3 列出了 ANSI C 提供的常用标准库函数。

以下列出了几个最常用的数学库函数,见表 2.5。

表 2.5 常用数学函数表

函数名	函数原型	功能
cos	double cos(double x)	计算 cos(x)的值
exp	double exp(double x)	计算 e^x 的值
fabs	double fabs(double x)	计算 x 的绝对值
log	double log(double x)	计算 ln x 的值
log10	double log10(double x)	计算 lg x 的值
pow	double pow(double x,double y)	计算 x^y 的值
sin	double sin(double x)	计算 sin(x)的值
sqrt	double sqrt(double x)	计算 $\sqrt{x}$ 的值
tan	double tan(double x)	计算 tan(x)的值

注意:三角函数的角度单位使用的是弧度,而不是度、分、秒。

【例 2.10】输入两个角度值 x、y,计算 sin(|x|+|y|) 的值。

```
#include<stdio.h>
#include<math.h>

#define  PI  3.14159

void  main()
{
    double  x,y,z;

    printf("请输入两个角度值:\n");
    scanf("%lf,%lf",&x,&y);
```

```
        x=x*PI/180.0;
        y=y*PI/180.0;
        z=sin(fabs(x)+fabs(y));

        printf("z=%lf\n",z);
}
```
程序运行结果为:
请输入两个角度值:
40,70↙
z=0.939693

2.3 运算符和表达式

C语言提供了较其他高级语言更丰富的运算符,包括:基本运算符、位运算符和特殊运算符三类运算符,如图2-3所示。

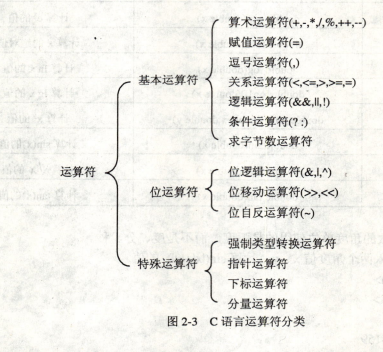

图2-3 C语言运算符分类

由常量、变量、函数调用按C语言语法规则用运算符连接起来的式子称为表达式。凡是合法的表达式都有一个值,即运算结果。单个的常量、变量、函数调用也可以看做是表达式的特例。本节主要介绍基本运算符及其表达式的使用。

2.3.1 算术运算符和算术表达式

算术运算符主要用于算术量的数值运算。在C语言中算术运算符包括:+(加)、-(减)、*(乘)、/(除)、%(求余)、++(自增)、--(自减)七种运算符。

1. 基本算术运算符

基本算术运算符是：+（加）、-（减）、*（乘）、/（除）、%（求余）运算符。这些运算符需要有两个运算对象，称为双目运算符。其中运算符"+"和"-"也可用做取正和取负的单目运算符使用，如：+12.5、-128；求余运算符"%"的运算结果是两数相除所得的余数，运算符的左侧为被除数，右侧为除数。值得注意的是，求余运算符的运算对象只能是整型量。

基本算术运算符的优先级如下：

2. 自增、自减运算符

自增、自减运算符是：++（自增运算符）和--（自减运算符）。

自增运算符"++"的功能是使变量的值自增 1，自减运算符"--"的功能是使变量的值自减 1。自增、自减运算符只需要一个运算对象，称为单目运算符。在实际应用时，根据自增、自减运算符构成表达式形式的不同，其表达式的取值不同，而对于变量本身来说都是自增 1 或自减 1。自增、自减运算符构成的表达式有两种形式，前缀形式：++i 和--i，后缀形式：i++和 i--。

① ++i　　i 变量自增 1 后再参与运算。
② i++　　i 变量参与运算后，i 的值再自增 1。
③ --i　　i 变量自减 1 后再参与运算。
④ i--　　i 变量参与运算后，i 的值再自减 1。

自增、自减运算符的优先级高于基本算术运算符，其结合性为右结合。自增、自减运算符只能用于变量，不能用于常量或表达式。

表达式求值按运算符的优先级和结合性规定的顺序进行。

根据"先乘除后加减"的运算规则，运算符具有不同的优先级。同样，在 C 语言中当一个式子中有多个运算符时，也要考虑它们的优先级，而且还要考虑它们的结合性。结合性是 C 语言的一个特点。

因此，在表达式中各运算量参与运算的先后顺序不仅要遵守运算符优先级别的规定，还要受运算符结合性的制约，以便确定是从左至右进行运算还是从右至左进行运算。

结合性是其他高级语言没有的，因此也增加了 C 语言的复杂性。

在 C 语言中，运算符的运算优先级共有 15 级。1 级最高，15 级最低。在表达式中，优先级较高的运算符先于优先级较低的运算符进行运算。而在一个运算量两侧的运算符优先级相同时，则按运算符的结合性所规定的结合方向处理。

在 C 语言中，各运算符的结合性分为两种：左结合性（从左至右）和右结合性（从右至左）。多数的运算符都是左结合的。如表达式 1-2+3 中的运算符"+"和"-"是同级运算符并且遵循左结合性，因此 2 应先与运算符"-"结合，执行 1-2 运算，然后再执行+3 的运算。这种自左至右的结合方向就称为"左结合性"。也有少数运算符是右结合的，如赋值运算符，自增、自减运算符，使用时要特别注意。如 x=y=15，由于"="的右结合性，应先执行 y=15 再执行 x=(y=15)运算。C语言运算符及其功能、优先级和结合性见附录3。

在基本算术运算符中，单目运算符的结合性为右结合，双目运算符的结合性为左结合。

【例2.11】基本算术运算符。

  3+10/5   结果为5
  3.0+10.0/-5.0 结果为2.0
  3+10%5   结果为3
  100%3   结果为1
  3.0+10.0%5.0 结果出错
  (3+10)/5   结果为2

说明：

①整数相除，结果为整数，且只保留整数部分。

②取余数运算的两个操作数必须是整数，结果也是整数。

③圆括号( )的优先级最高。

【例2.12】整数相除的问题。

```c
#include<stdio.h>

void main()
{
    float f;
    f=1/4;

    printf("%f\n",f);
}
```

程序运行结果为：

0.000000

若改为 f=1.0/4.0;，则程序运行结果为：

0.250000

【例2.13】自增、自减运算符的使用。

```c
#include<stdio.h>

void main()
{
    int i=8;

    printf("%d\n",++i);
    printf("%d\n",--i);
    printf("%d\n",i++);
    printf("%d\n",i--);
    printf("%d\n",-i++);
    printf("%d\n",-i--);
```

}
程序运行结果为：
9
8
8
9
-8
-9

对以上结果的分析：

i 的初值为 8；

执行 "printf("%d\n",++i);"，因为是++i，所以 i 的值先加 1 然后再参与运算即输出，所以输出的结果为 9，这时 i 的值为 9。

执行 "printf("%d\n",--i);"，因为是--i，所以 i 的值先减 1 然后再参与运算即输出，所以输出的结果为 8，这时 i 的值为 8。

执行 "printf("%d\n",i++);"，因为是 i++，所以先参与运算即输出 i 的值，然后 i 的值再加 1，所以输出的结果为 8，这时 i 的值为 9。

执行 "printf("%d\n",i--);"，因为是 i--，所以先参与运算即输出 i 的值，然后 i 的值再减 1，所以输出的结果为 9，这时 i 的值为 8。

执行 "printf("%d\n",-i++);"，因为是 i++，所以先参与运算即输出-i 的值，然后 i 的值再加 1，所以输出的结果为-8，这时 i 的值为 9。

执行 "printf("%d\n",-i--);"，因为是 i--，所以先参与运算即输出-i 的值，然后 i 的值再减 1，所以输出的结果为-9，这时 i 的值为 8。

【例 2.14】 多个自增、自减运算符组成的表达式。

```
#include<stdio.h>

void main()
{
    int i=5,j=5,p,q;

    p=(i++)+(i++)+(i++);
    q=(++j)+(++j)+(++j);

    printf("%d,%d,%d,%d",p,q,i,j);
}
```

程序运行结果为：
15,24,8,8

对以上结果的分析：

执行 "p=(i++)+(i++)+(i++);" 时，对 p=(i++)+(i++)+(i++)应理解为三个 i 相加，故 p 值为 15。然后 i 再自增 1 三次相当于加 3，故 i 的最后值为 8。

执行 "q=(++j)+(++j)+(++j);"，对 q=(++j)+(++j)+(++j)应理解为 q 先自增 1，再参与运算，

由于 q 自增 1 三次后值为 8，三个 8 相加的和为 24，j 的最后值仍为 8。

注意：在不同的 C 系统中得到的值可能有所不同。

3. 算术表达式

由算术运算符和括号将运算对象（常量、变量、函数等）连接起来的式子，称为算术表达式。有了算术表达式，在编程时我们就可以将数学算术式写成 C 语言的算术表达式。

下面的式子都为算术表达式：

x+y+z
(f1*2.0) / f2+5.0
++i
sqrt(a)+sqrt(b)

2.3.2 关系运算符与关系表达式

关系运算也称比较运算，通过对两个量进行比较，判断其结果是否符合给定的条件，若条件成立，则比较的结果为"真"，否则就为"假"。例如，若 a=8，则 a>6 条件成立，其运算结果为"真"；若 a=-8，则 a>6 条件不成立，其运算结果为"假"。

在 C 语言程序中，利用关系运算使我们能够实现对给定条件的判断，以便作出进一步的选择。

1. 关系运算符

C 语言提供了 6 种关系运算符，见表 2.6。

表 2.6　　　　　　　　　　　关系运算符

运 算 符	含 义
<	小于
<=	小于或等于
>	大于
>=	大于或等于
==	等于
!=	不等于

说明：

①关系运算符共分为两级，其中：前 4 种关系运算符（<，<=，>，>=）为同级运算符，后两种关系运算符（==，!=）为同级运算符，且前 4 种关系运算符的优先级高于后两种。

②关系运算符的结合性为左结合。

③关系运算符的优先级低于算术运算符，高于赋值运算符。

例如：

a+b>c　　　　　等价于　　　（a+b）> c
a>b!=c　　　　 等价于　　　（a>b）!= c
a=b>=c　　　　等价于　　　a =（b >= c）
a-8<=b==c　　 等价于　　　((a-8) <= b) == c

2. 关系表达式

关系表达式是用关系运算符将两个表达式连接起来的式子，一般形式为：

＜表达式1＞　＜关系运算符＞　＜表达式2＞

说明：

① 表达式1和表达式2可以是算术表达式、逻辑表达式、赋值表达式、关系表达式、字符表达式。

例如，以下为C语言的关系表达式：

（a＋b）＜＝（c＋8）

（a=4）＞＝（b=6）

"AB"!="ab"

（a＞b）＝＝（m＜n）

② 关系表达式的运算量可以是算术量、字符量和逻辑量，但结果只能是逻辑量。即值只能是一个为"真"或"假"的逻辑值。

③ C语言没有逻辑型数据，用"1"表示逻辑值"真"，用"0"表示逻辑值"假"。

例如，若a=1，b=2，c=3，则：

关系表达式"a＞b"的值为0，即表达式的值为"假"。

关系表达式"(a＋b)＜=(c＋8)"的值为1，即为"真"。

关系表达式"(a=4)＞=(b=6)"的值为"0"，即为"假"。

④ 由于关系运算符的优先级低于算术运算符，高于赋值运算符，因此，关系表达式的优先级应低于算术表达式，高于赋值表达式。

例如：

a＋b＜＝c＋8　　　　等价于　　　（a＋b）＜＝（c＋8）

a＞b＝＝m＜n　　　　等价于　　　(a＞b)＝＝(m＜n)

a=4＞＝(b=6)　　　　等价于　　　a=(4＞＝(b=6))

2.3.3　逻辑运算符与逻辑表达式

关系表达式通常只能表达一些简单的关系，对于一些较复杂的关系则不能正确表达。例如，有数学表达式：x＜-10或x＞0就不能用关系表达式表示了。又如数学表达式：10＞x＞0虽然也是C语言合法的关系表达式，但在C程序中不能得到正确的值。

利用逻辑运算可以实现复杂的关系运算。

1. 逻辑运算符

C语言提供了三种逻辑运算符，它们是：!（逻辑非），&&（逻辑与）和||（逻辑或）。

（1）逻辑非!

逻辑非运算符!是一个单目运算符，右结合性，其真值表见表2.7。

表2.7　　　　　　　　　　　　　　!运算真值表

a	!a
真	假
假	真

例如：若 a 的值为真，则 !a 的值为假；若 a 的值为假，则 !a 的值为真。
（2）逻辑与&&
逻辑与运算符&&是一个双目运算符，左结合性，其真值表见表 2.8。

表 2.8　　　　　　　　　　　　&&运算真值表

a	b	a&&b
真	真	真
真	假	假
假	真	假
假	假	假

由表 2.8 可知：在逻辑与运算中，当参与运算的两个操作数均为真时，其运算结果为真，其余为假。
例如：若 a 为假，b 为真，则 a&&b 的值为假；若 a、b 均为真，则 a&&b 的值为真。
（3）逻辑或‖
逻辑或运算符‖是一个双目运算符，左结合性，其真值表见表 2.9。

表 2.9　　　　　　　　　　　　‖运算真值表

a	b	a‖b
真	真	真
真	假	真
假	真	真
假	假	假

由表 2.9 可知：在逻辑或运算中，当参与运算的两个操作数均为假时，其运算结果为假，其余为真。
例如：若 a 为假，b 为真，则 a‖b 的值为真；若 a、b 均为假，则 a‖b 的值为假。

2. 逻辑表达式

逻辑表达式是用逻辑运算符将表达式连接起来的式子，一般形式为：
［＜表达式 1＞］　＜逻辑运算符＞　＜表达式 2＞

说明：
①表达式 1 和表达式 2，可以是关系表达式，也可以是逻辑表达式。
例：
(c＞=2)&&(c＜=10)
(!5)‖(8&&9)
(c＞=2)&&(!5)
②当逻辑运算符为逻辑非！时，须省略表达式 1。
例：　!a

③算术运算符、关系运算符、逻辑运算符混合运算时的运算顺序如图 2-4 所示。

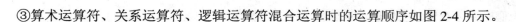

图 2-4 算术、关系、逻辑运算符运算顺序

例如：
(c＞=2)&&(c＜=10)   可写成：c＞=2&&c＜=10
(!5)‖(8==9)   可写成：!5‖8==9
((a=7)>6)&&((b=-1)>6)   可写成：(a=7)>6&&(b=-1)>6
(c<=10)&&(!5)   可写成：c<=10&&!5

与关系表达式相同，由于 C 语言没有逻辑类型量，因此逻辑表达式的运算结果也是以数值 "1" 表示 "真"，以数值 "0" 表示 "假"；而在判断一个量是否为 "真" 或 "假" 时，则以一个 "非 0" 的数值表示 "真"，以数值 "0" 表示 "假"。

例如：

①！5‖8==9

分析：!5 的值为 0，8==9 的值为 0，所以逻辑表达式的值为 0（假）。

②(a=7)>6&&(b=-1)>6

分析：由于(a=7)>6 为 1（真），(b=-1)>6 为 0（假），所以逻辑表达式的值为 0（假）。

③c>=2&&c<=10

分析：由于 c>=2 为 1（真），c<=10 也为 1（真），则逻辑表达式的值为 1（真）。

④'A'+ 9‖'D'

分析：由于 A 和 D 的 ASCII 码不为 0，所以逻辑表达式的值为 1（真）。

应该注意，在逻辑表达式的求解中，并不是所有的逻辑运算都被执行。

例如：

①a&&b&&c

由逻辑与运算符的特点知：全真为真，其余为假。因此，只有当 a 的值为真时，才会对 b 的值进行运算。如果 a 的值为假，则整个表达式的值已经为假。同样，只有当 a&&b 的值为真时，才会对 c 的值进行运算。

例如，有以下程序段：
m=n=a=b=c=d=1;
(m=a>b)&&(n=c>d);
printf(" m=%d,n = %d\n ",m,n）;

分析：在此程序段中，在执行到语句(m=a>b)&&(n=c>d)时，先执行 a>b 为假，即为 0，赋值给 m=0，则 n=c>d 不再运算。因此，程序段最后输出 m=0，n=1。

②a‖b‖c

分析：由或运算符的特点知：全假为假，其余为真。因此，只有当 a 的值为假时，才会对 b 的值进行运算。因为，当 a 的值为真时，整个表达式的值已经为真。同样，只有当 a‖b

的值为假时，才会对 c 的值进行运算。

有了逻辑表达式之后，我们就可以将较复杂的数学关系式写成 C 语言的逻辑表达式了。逻辑表达式是构成选择结构条件的基本式子。

2.3.4 条件运算符与条件表达式

条件运算符是 C 语言中唯一的一个三目运算符，它要求有三个操作对象，具有右结合性。由条件运算符构成的表达式称为条件表达式，一般形式为：

＜表达式1＞？＜表达式2＞：＜表达式3＞

式中"？:"为条件运算符。

条件表达式的运算过程为：先计算表达式 1 的值，若为非 0（真），则计算表达式 2 的值，即将表达式 2 的值作为条件表达式的值；若表达式 1 的值为 0（假），则计算表达式 3 的值，即将表达式 2 的值作为条件表达式的值。

例如：a>=0?a:-a

当 a 的值大于或等于 0 时，给出 a 的值；当 a 的值小于 0 时，则给出 -a 的值。

说明：

①条件运算符的优先级高于赋值运算符，低于算术运算符、关系运算符、逻辑运算符。

②条件运算符的结合方向为"自右向左"。

例如，若有以下条件表达式：

a>b?a:b>c?b:c   等价于 a>b?a:(b>c?b:c)

③在条件表达式中，各表达式的类型可以不同，此时，条件表达式值的类型为表达式 2 和表达式 3 中较高的类型。

例如，若 x 的类型为整型时，则条件表达式 x?'a':'b' 的值为字符型；而条件表达式 x?2:3.5 的值为浮点型。

条件表达式主要用于无论条件是否成立都给同一个变量赋值或实现同一项功能的情况。

例如条件表达式 "x=a>b？a：b" 等同于以下条件语句：

```
if (a>b)
    x=a;
else
    x=b;
```

（有关条件语句的详细内容见第 4 章。）

2.3.5 赋值运算符与赋值表达式

1. 简单赋值运算符和赋值表达式

简单赋值运算符为"="。由"="连接的式子称为赋值表达式，其一般形式为：

＜变量＞=＜表达式＞

赋值表达式的功能是：将赋值符右边表达式的值赋给赋值符左边的变量。

以下均为赋值表达式：

c=a+b

z=sqrt(x)+sqrt(y)

k=i+++--j

a=b=c=d=10
x=(a=5)+(b=8)

赋值运算符为双目运算符。赋值运算符的优先级仅高于逗号运算符，低于其他所有的运算符。赋值运算符的结合性为右结合。

由于赋值运算符的结合性，因此，"a=b=c=d=10"可理解为：a=(b=(c=(d=10)))。

赋值表达式"x=(y=2)+(z=4)"的意义是：把2赋给y，4赋给z，再把2和4相加，其和赋给x，x等于6。

在其他高级语言中，赋值构成了一个语句，称为赋值语句。而在C语言中，把"="定义为运算符，组成赋值表达式。因此，凡是表达式可以出现的地方均可出现赋值表达式。

赋值表达式也有类型转换的问题。当赋值运算符两边的数据类型不同时，系统会进行自动类型转换，把赋值符右边的类型转换为左边的类型。

赋值表达式的转换规则为：

①实型（float，double）赋给整型变量时，只将整数部分赋给整型变量，舍去小数部分。
如：int x; 执行"x=6.89"后，x的值为6。

②整型（int，short int，long int）赋给实型变量时，数值不变，但将整型数据以浮点形式存放到实型类型变量中，增加小数部分（小数部分的值为0）。
如：float x; 执行"x=6"后，先将x的值6转换为6.000000，再存储到变量x中。

③字符型（char）赋给整型（int）变量时，由于字符型只占1个字节，整型为2个字节，所以int变量的高八位补的数与char的最高位相同，低八位为字符的ASCII码值。
如：int x; x='\101';（01000001），高八位补0，即：0000000001000001。同样int赋给long int时，也按同样规则进行。

④整型（int）赋给字符型（char）变量时，只把低8位赋给字符变量，同样long int赋给int变量时，也只把低16位赋给int变量。

由此可见，当右边表达式的数据类型长度比左边的变量定义的长度要长时，将丢失一部分数据。

【例2.15】赋值表达式中的类型转换
#include<stdio.h>

```
void main()
{
    int i1,i2=15,i3,i4=66;
    float f1,f2=8.88;
    char c1='A',c2;

    i1=f2; f1=i2; i3=c1; c2=i4;

    printf("%d,%f,%d,%c",i1,f1,i3,c2);
}
```
程序运行结果为：
8,15.000000,65,B

本例表明了上述赋值运算中类型转换的规则。i1 为整型，赋予实型量 f2 值 8.88 后只取整数 8；f1 为实型，赋予整型量 i2 值 15，后增加了小数部分；字符型量 c1 赋予 i3 变为整型，整型量 i4 赋予 c2 后取其低八位成为字符型。再如以下例程：

【例 2.16】赋值运算中的类型转换

```
#include<stdio.h>

void  main()
{
    float PI=3.14159;
    int  s,r=5;

    s=r*r*PI;

    printf("s=%d\n",s);
}
```

程序运行结果为：

s=78

本例程序中，PI 为实型；s，r 为整型。在执行 s=r*r*PI 语句时，r 和 PI 都转换成 double 型计算，结果也为 double 型。但由于 s 为整型，故赋值结果为整型数。

2. 复合赋值运算符及其表达式

复合赋值运算符是在简单赋值运算符"="前加其他双目运算符构成的。由复合赋值运算符连接的式子称为（复合）赋值表达式，一般形式为：

<变量> <复合赋值运算符> <表达式>

C 语言提供了以下复合赋值运算符：

+=, -=, *=, /=, %=, <<=, >>=, &=, ^=, |=

以下的表达式均为复合赋值表达式：

a+=5   等价于 a=a+5   x*=y+7   等价于 x=x*(y+7)
r%=p   等价于 r=r%p   x+=x-=x*=x 等价于 x=x+(x=(x-(x=x*x)))

复合赋值运算符的运算优先级与简单赋值运算符同级，其结合性为右结合。复合赋值运算符这种写法，有利于提高编译效率并产生质量较高的目标代码。

2.3.6 逗号运算符与逗号表达式

在 C 语言中逗号","也是一种运算符，称为逗号运算符。逗号运算符的优先级是所有运算符中最低的。逗号运算符的结合性为左结合。

用逗号运算符连接起来的式子，称为逗号表达式。逗号表达式的一般形式为：

<表达式 1>,<表达式 2>,…,<表达式 n>

逗号表达式求值过程是：先求表达式 1 的值，再求表达式 2 的值，依次下去，最后求表达式 n 的值，表达式 n 即作为整个逗号表达式的值。

【例 2.17】逗号表达式的应用

#include<stdio.h>

```
void main()
{
    int a=2,b=4,c=6,x,y;

    y=((x=a+b),(b+c));

    printf("y=%d\nx=%d\n",y,x);
}
```
程序运行结果为：
y=10
x=6

可以看出：y 等于整个逗号表达式的值，也就是逗号表达式中表达式 2 的值，x 是表达式 1 的值。

说明：

①程序中使用逗号表达式，通常是要分别求逗号表达式内各表达式的值，并不一定要求整个逗号表达式的值。

②并不是在所有出现逗号的地方都组成逗号表达式，如在变量说明中，函数参数表中的逗号只是用做各变量之间的间隔符。

本 章 小 结

本章主要介绍了 C 语言的字符集和保留字、C 语言的基本数据类型、常量和变量、基本运算符与表达式。重点阐述了变量的基本概念和类型说明、基本运算符的优先级和结合性以及数据类型转换等的内容。这些都是今后编程的基础，也是正确构成程序语句的基本要素。

通过本章的学习，要求熟悉 C 语言的字符集和保留字，掌握常量和变量的书写形式，重点掌握基本数据类型数据的定义、初始化和各类基本运算符及其表达式的使用。

思 考 题

1．在 C 程序中，常量 125 和 125.0 有何区别？
2．程序中用到的变量为什么要先定义？
3．如何避免数据"溢出"错误？
4．存储字符串常量时，为什么要在末尾添加一个结束标记？
5．所有常量在程序中都可以直接使用吗？

第3章 基本语句与顺序结构

一个程序应当包含若干条语句。C 语言的基本语句从形式上分为：声明语句，表达式语句，函数调用语句，控制语句，复合语句，空语句。本章介绍 C 语言语句的形式和使用。

赋值语句是由赋值表达式加上分号构成的表达式语句。本章重点介绍赋值语句的形式及其使用。

在 C 语言中，通过调用 C 系统的标准函数实现输入输出功能。其中最基本的输入输出函数有 printf( )(格式输出)，scanf( )(格式输入)，putchar( )(字符输出)，getchar( )(字符输入)等。本章详细讲解了函数 printf( ) 和 scanf( ) 的基本格式及使用时的注意要点，并讲解了函数 putchar( )、getchar( )的基本格式和使用。学习本章应重点掌握赋值语句和 printf( ) 函数、scanf( ) 函数的使用。

1966 年，计算机科学家 Bohm 和 Jacopini 证明了这样的事实：任何简单或复杂的算法都可以由顺序结构、选择结构和循环结构这三种基本结构组合而成。所以，这三种结构就被称为程序设计的三种基本结构，也是结构化程序设计必须采用的结构。顺序结构是最简单的程序结构，它是构成复杂程序的基础，包含顺序结构的程序会按照语句的书写顺序逐条执行。

3.1 C 语言程序的基本语句

3.1.1 声明语句

声明语句用来说明变量的数据类型或函数的返回值类型。一般形式为：
类型说明符　变量名表；
或：
类型说明符　函数名（形式参数表列）；

【例 3.1】
int a,b;   //变量 a、b 为整型变量
char A,B;   //变量 A、B 为字符型变量
int max(int x, int y); //函数 max 返回值的类型为整型

需要说明的是：在一些文献中指出，C 语言的语句用来向计算机系统发出操作指令，而变量的数据类型声明和函数返回值的类型声明不产生机器操作，因此，将函数声明部分的内容不称为语句。

3.1.2 表达式语句

表达式语句是由一个表达式加 ";" 构成的语句。一般形式为：
表达式；

【例 3.2】表达式构成 C 语言语句。
i=0;   //赋值表达式加分号构成语句
i++;   //自增运算表达式加分号构成语句
a+=b+c;   //复合赋值表达式加分号构成语句
a+b;   // a+b 表达式加分号构成语句
注意：

（1）位于语句尾部的分号";"是语句中不可缺少的部分，任何表达式都可以加上分号构成语句。执行语句就是计算表达式的值。如在例 3.2 中，i=0 是一个表达式而不是语句，加上";"之后 i=0; 就构成了一个赋值语句。

（2）有些表达式语句的写法虽然符合语法规则，但是如果计算结果没有保留在一个变量中，执行其操作指令就没有实际的意义。如上例中，a+b 是一个表达式，加上";"之后构成一个语句，该语句执行了 a+b 的运算，在 C 语言中是合法的，但由于该语句并没有将 a+b 的计算结果赋给任何变量，所以该语句并无实际意义。

3.1.3 函数调用语句

函数调用语句由一次函数调用加上分号";"组成。一般形式为：
函数名(实数参数表列);
函数是一段程序，这段程序可能存在于函数库中，也可能是由用户自己定义的，当调用函数时会转到该段程序执行。但函数调用以语句的形式出现，它与前后语句之间的关系是顺序执行的。

【例 3.3】函数调用构成 C 语言语句。

```
#include<stdio.h>

void main()
{
    int a,b,c;

    c=max(a,b); //调用自定义函数 max，求出 a,b 两数中的最大数并赋给变量 c

    printf(" The maximum is %d !\n",c); //调用标准输出函数，输出变量 c 的值
}

int max(int x, int y) //自定义函数 max，求两个整数中的最大数
{
  if(x>=y)
      return x;
  else
      return y;
}
```

关于函数的内容将在第 7 章函数中介绍。

3.1.4 控制语句

控制语句由规定的语句保留字组成,用于控制程序的流程,以实现程序的各种结构。C语言有 9 种控制语句,可分为以下三类:

1. 条件判断语句

条件语句:if( )…和 if( )…else…

多分支选择语句:switch( ) {…}

2. 循环执行语句

while 语句:while( )…

do while 语句:do… while( );

for 语句:for ( )…

3. 转向语句

无条件转向语句:goto

结束本次循环语句:continue

终止执行 switch 或循环语句:break

函数返回语句:return

【例 3.4】以下程序是求实数 x 的绝对值,用 if-else 语句实现。

```
#include<stdio.h>

void  main()
{
    int  x,y;

    scanf("%d",x); //函数调用语句,从键盘输入一个整数并赋给变量 x
    if(x>=0)
        y=  x;
    else
        y=  -x;

    printf("%d\n",y);
}
```

以上控制语句将分别在选择结构和循环结构等有关章节中介绍。

3.1.5 复合语句

把多个语句用大括号{ }括起来,就构成了一个复合语句。复合语句又称为分程序或语句块,在语法上被看做是单条语句,而不是多条语句。如下列程序段:

```
{
    u=  -b/(2*a);
    v=sqrt((x*x-4*a*c)/(2*a));
    x1=u+v;
```

```
        x2=u-v;
        printf("%f%f\n",x1,x2);
}
```
就是一条复合语句。

注意：

（1）在括号"}"外不需加分号。

（2）复合语句内的各条语句都必须以分号";"结尾。组成复合语句的语句数量不限。

如：{
```
        char c;
        c=65;
        putchar(c);
}
```
也是一条复合语句，输出字母"A"。从这个例子中可以看出，在复合语句中不仅有执行语句，还可以有说明变量。

（3）复合语句可以出现在允许语句出现的任何地方。在选择结构和循环结构中都会看到复合语句的用途。

复合语句组合多个子语句的能力及采用分程序定义局部变量的能力是 C 语言的重要特点，它增强了 C 语言的灵活性，同时还可以按层次使变量作用域局部化，使程序具有模块化结构。

3.1.6 空语句

空语句是指仅由一个分号";"组成的语句，即：

;

空语句不产生任何操作。

空语句的使用一般有两种情况，一是在循环语句中使用空语句提供一个不执行操作的空循环体，从语句的结构上来说，这个空语句是必需的；二是为有关语句提供标号，用以说明程序执行的位置。在程序设计初期，有时需要在某个位置加一个空语句来表示存在一条语句，以待之后进一步完善。

【例 3.5】空语句在循环中的作用。

```
while (getchar( ) != '\n' )
        ;           //空语句
```

该循环语句的功能是从键盘输入一个字符，只要键盘输入的字符不是回车换行('\n')符则继续输入，直到输入的字符为回车换行符时循环终止。这里的循环体由空语句构成，表示循环体不执行任何操作。

3.2 赋值语句

赋值语句是由赋值表达式加上一个分号构成。一般形式为：

赋值表达式；

赋值语句的功能和特点与赋值表达式相同。它是程序中使用最多的语句之一。当执行赋值语句时，会完成计算和赋值的操作。

在赋值语句使用中需要注意以下几点：

（1）在变量说明中给变量赋初值和赋值语句是有区别的。给变量赋初值是变量说明的一部分，赋初值变量与其后的其他同类型变量之间用逗号分开；而赋值语句则必须用分号结尾。例如：

给变量赋初值　int a, b, c=3, d;

赋值语句　c=3;

（2）在变量说明中，不允许连续给多个变量赋初值。

例如：　　int a=b=c=5;　　　　（错误）

应该写为：int a=5,b=5,c=5;（正确）

而赋值语句允许连续赋值：a=b=c=5;（正确）

（3）赋值表达式和赋值语句的区别是：赋值表达式是一种表达式，它可以出现在任何允许表达式出现的地方，而赋值语句则不能。如：

if((a=b)>0) c=a; 是正确的。

if((a=b;)>0) c=a; 是错误的。因为if语句的条件中不允许出现赋值语句。

下述语句是合法的：

if((x=y+5)>0)　　z=x;

语句的功能是：若表达式 x=y+5 大于 0 则 z=x。

下述语句是非法的：

if((x=y+5;)>0)　　z=x;

因为 x=y+5; 是语句，不能出现在表达式中。

（4）复合赋值表达式也可以构成赋值语句。如 a+=a=2; 是一个合法的赋值语句。该语句实际等效于

　　a=2;　　　a=a+a;

【例3.6】分析以下程序的执行结果。

#include<stdio.h>

void main()

{

　　int r=5;

　　r+=r-=r*r;

　　printf("r=%d\n",r);

}

程序的运行结果为：r= -40

分析：对于赋值语句 r+=r-=r*r; 复合赋值运算符自右向左结合，先执行 r-=r*r; 即 r=r-r*r=-20，再执行 r+=-20; r=r+（-20）=（-20）+（-20）=-40，所以输出结果为：r=-40。

3.3 数据的输入输出

输入和输出功能是一个完整的程序必不可少的。C语言没有提供输入输出语句。在C语

言中，所有的数据输入输出操作都是通过对标准库函数的调用来完成的，其功能是按用户指定的格式进行数据输入输出操作。其中最基本的输入输出函数有：printf（）(格式输出)，scanf（）(格式输入)，其关键字最后一个字母 f 即为"格式"(format)之意，以及字符输入输出函数 putchar（）(字符输出)，getchar（）(字符输入)等。

3.3.1 printf（）函数

printf（）函数的一般形式为：

printf("格式控制字符串"，输出表列)；

格式输出函数 printf（）的功能是按格式控制字符串规定的格式，向指定的输出设备(一般为显示器)输出在输出表列中列出的各输出项。

printf（）函数是一个标准库函数，它的函数原型在头文件"stdio.h"中。

例如，printf("i1=%d,%f,%d,c2=%c\n",i1,f1,i3,c2);

在 printf（）函数的一般形式中，用双引号括起来的"格式控制字符串"可以包含三种字符：格式说明符、转义字符和普通字符。输出表列是由各输出项组成的，各输出项之间用逗号","分隔，每个输出项可以是常量、变量，也可以是表达式。如：

printf("%d,%d",a,b+c);

有时，调用 printf（）函数时，只有格式控制字符串，无输出项。在这种情况下，一般用来输出一些提示信息，如：

printf("this a C Program\n");

1. printf（）函数的格式控制字符串

在"格式控制字符串"中可包含以下三种字符：

（1）格式说明符：格式说明符是以%开头的字符串，在%后面跟有各种格式字符，以说明输出数据的类型、形式、长度、小数位数等。

格式说明的一般形式为：

%[修饰符]格式字符

printf()函数中常用的格式字符如表 3.1 所示。

表 3.1 printf（）格式字符

格式字符	意 义
d	以十进制形式输出带符号整数(正数不输出符号)
o	以八进制形式输出无符号整数(不输出前缀 0)
x,X	以十六进制形式输出无符号整数(不输出前缀 0x)
u	以十进制形式输出无符号整数
f	以小数形式输出单、双精度实数
e,E	以指数形式输出单、双精度实数
g,G	以%f、%e 中较短的输出宽度输出单、双精度实数
c	输出单个字符
s	输出字符串

在格式说明中,除了必须有格式字符外,还可以根据具体情况使用修饰符。常用的修饰符有长整型修饰符、宽度和精度修饰符以及左对齐修饰符,如表 3.2 所示。

表 3.2　　　　　　　　　　printf()的修饰符

修饰符	意　义
-	结果左对齐,右边填空格
m(一个整数)	数据最小宽度
n(一个整数)	对实数,表示输出 n 位小数;对字符串,表示截取的字符个数
L,l	表示按长整型输出

(2)转义字符:这些字符用于在程序中描述键盘上没有的字符或某个具有复合功能的控制字符,如\n,或者\t 等。

(3)普通字符:除格式说明符和转义字符之外的其他字符,这些字符原样输出,如上面例子中的"i1="、"c2="。普通字符可以根据需要来使用,不是必需项。

【例 3.7】printf()函数的应用:将整数分别按十进制、八进制、十六进制和无符号数形式格式输出。

```
#include <stdio.h>

void main()
{
    unsigned int a=65535;
    int b= -1;

    printf("%d,%o,%x,%u\n",a,a,a,a);
    printf("%d,%o,%x,%u",b,b,b,b);
}
```

程序运行后输出结果如下:
-1,177777,ffff,65535
-1,177777,ffff,65535
说明:
无符号整数 65535 在内存中的存放形式为:

| 1 | 1 | 1 | 1 | 1 | 1 | 1 | 1 | 1 | 1 | 1 | 1 | 1 | 1 | 1 | 1 |

16 个比特位中的每一位都是数值位。当用%d 格式输出变量 a 的值时,左边最高位的"1"成为符号位,已知整数在内存中是以补码形式存放的,根据补码知识,这是-1 的补码形式,因此输出-1。

【例 3.8】printf()函数的应用:将整数分别按整数格式和字符型格式输出。
#include <stdio.h>

```
void main()
{
    int i=65;
    char c='A';

    printf("i=%d,c=%d",i,c);
    printf("%c,%c",i,c);
}
```

程序运行后输出结果如下：
i=65,c=65A,A

2. printf 函数的多种输出形式

printf 函数的输出格式形式多样，使用灵活。常用的格式字符的形式及含义如下：

（1）%ld，%lo，%lx，%lu 的形式
%ld：以十进制输出长整型数据。
%lo：以八进制输出长整型数据。
%lx：以十六进制输出长整型数据。
%lu：输出无符号长整型数据。

（2）%md，%mu，%mx，%mo 的形式

m 为一整数，表示输出数据所占的列数。当 m 大于数据的实际宽度时，在数据的左边补空格，空格数=m-数据的实际宽度；当 m 小于或等于数据的实际宽度时，按数据的实际宽度输出。如果是%-md 的形式，则在数据的右边补空格。

（3）%mf 和%-mf 的形式

在%mf 形式中，m 为一整数，表示输出的浮点数所占的列数(包括整数部分和小数部分，小数点占一位)。当 m 大于数据的实际宽度时，在数据的左边补足空格；当 m 小于或等于数据的实际宽度时，按数据的实际宽度输出。如果是%-mf 的形式，则在数据的右边补空格。

（4）%m.nf 的形式

m 为一整数，表示输出的浮点数所占的列数(包括整数部分和小数部分，小数点占一位)。n 也为一整数，表示输出小数部分的列数。当 n 大于数据的实际小数位数时，小数部分按实际数据输出，当 n 小于数据的实际小数位数时，则只输出 n 位小数，对小数部分的第 n+1 位进行四舍五入。当 m 的值大于数据的宽度时，则在数据的左边补足空格，再输出有 n 位小数的实际数据；当 m 的值小于数据的宽度时，整数部分按实际数据的宽度输出，小数部分按指定的 n 位输出。

（5）%me 和%m.ne 的形式

这两种形式的含义都是以指数形式输出实数。对于%me 形式，是以标准指数形式输出实数，m 是输出数据所占的列数。在 Visual C++环境下的标准指数形式是：整数部分有 1 位非 0 数字，小数部分占 6 位，指数部分占 5 位，小数点占 1 位，共占 13 位。当 m 小于或等于 13 时，则按标准的指数形式输出；当 m 大于 13 时，则先输出 m-13 个空格，再按标准的指数形式输出。

对于%m.ne 形式，m 是输出数据所占的列数，n 为有效数字的位数。当 m 小于或等于 n+7 时（整数部分有 1 位非 0 数字，指数部分占 5 位，小数点占 1 位，共 7 位固定位数），小

数部分输出 n 位有效数字(对小数部分的第 n+1 位进行四舍五入),其余部分按标准指数形式输出实际数据;当 m 大于 n+7 时,则先输出 m-(n+7)个空格,再输出有 n 位有效数字的指数形式的实际数据。

(6) %s,%ms,%m.ns 的形式

%s:按实际长度输出字符串。

%ms:输出的字符串占 m 列,当 m 小于或等于字符串的实际长度时,按实际数据输出;当 m 大于字符串的实际长度时,先输出(m-实际长度)个空格,再按实际数据输出。

%m.ns:输出字符串左端 n 个字符,整个字符串数据占 m 列。当 m 小于或等于 n 时,则输出字符串数据左端的 n 个字符;当 m 大于 n 时,则先输出 m-n 个空格,再输出字符串数据左端 n 个字符。

【例 3.9】修饰符在 printf() 函数中的使用。

```c
#include <stdio.h>

void main()
{
    int a=123;
    float f1=12.34567,f2=678.9;

    printf("%d, %6d,%-6d,%2d\n",a,a,a,a);
    printf("%f,%10.4f,%3.2f\n",f1,f1,f1);
    printf("%e,%e\n",f1,f2);
    printf("%8e,%14e\n",f1,f1);
    printf("%10.7e,%10.3e\n",f1,f1);
}
```

运行过程及输出结果如下:

123, ␣␣␣123,123␣␣␣,123
12.345670, ␣␣␣12.3457,12.35
1.234567e+001,6.789000e+002
1.234567e+001, ␣1.234567e+001
1.2345670e+001, 1.235e+001

(注:其中 ␣ 代表空格)

程序运行结果说明:

① 执行:printf("%d, %6d,%-6d,%2d\n",a,a,a,a);

%d 按实际长度输出 3 列,输出为 123;

%6d 规定数据宽度为 6 列,但数据的实际宽度为 3 列,所以在数据的左边补三个空格;

%-6d 规定数据宽度为 6 列,但使用了左对齐符"-",所以在数据的右边补三个空格;

%2d 规定数据宽度为 2 列,但数据的实际宽度为 3 列,大于规定的宽度,这时按实际宽度 3 列输出。

② 执行:printf("%f,%10.4f,%3.2f\n",f1,f1,f1);

%f 按浮点数的格式输出 f1 的值,整数部分原样输出,小数部分保留 6 位,不足部分

补 0。

%10.4f 指定整个数据输出的宽度是 10 列，小数部分占 4 列。现小数部分的数据有 5 位，所以，最后一位采用四舍五入的原则。整数部分 2 位加小数部分 4 位，再加小数点 1 位共 7 位，小于指定宽度 10，输出时数据左边补 3 个空格。

%3.2f 指定整个数据输出的宽度是 3 列，小数部分占 2 列，则整数部分占 1 列。现整数部分的数据有 2 位，大于指定的数据宽度，所以整数部分照原样输出，小数部分保留 2 位，对小数点后的第 3 位采用四舍五入的原则。

③执行：printf("%e,%e\n",f1,f2);

按%e 标准指数形式输出 f1 的值，在 Visual C++环境下，整数部分有 1 位有效数字，小数部分有 6 位有效数字，指数部分占 5 位，小数点占 1 位，共占 13 位。

按%e 标准指数形式输出 f2 的值，和 f1 的输出格式相同。现实际数据的小数部分有效数据为 4 位，不够 6 位，则右边以 0 补足。

④执行：printf("%8e,%14e\n",f1,f1);

按%8e 形式输出 f1 的值。现 m=8，小于 13，仍按标准的指数形式输出，输出 13 位。

按%14e 形式输出 f1 的值。现 m=14，大于 13，则先输出 1 个空格，再按标准的指数形式输出。

⑤执行：printf("%10.7e,%10.3e\n",f1,f1);

%10.7e：m=10，n=7，m<n+7，f1 按小数部分有 7 位有效数字的指数形式输出。

%10.3e：m=10，n=3，m=n+7，则输出数据的实际宽度为 10，小数部分有 3 位有效数字，整数部分有 1 位非 0 数字，小数点占 1 位，指数部分占 5 位，3+1+1+5=10，按小数部分有 3 位有效数字的指数形式输出实际数据。

【例 3.10】字符串的输出。

```
#include <stdio.h>

void main()
{
    printf("%s,%.3s,%10s,%10.3s, %-10.3s \n","computer",
        "computer","computer", "computer", "computer");
}
```

程序运行过程及输出结果如下：

computer,com,␣␣computer,␣␣␣␣␣␣␣com,com␣␣␣␣␣␣␣

结果说明：

%.3s：输出字符串"computer"左端 3 个字符。

%10s：要求输出的字符串占 10 列，现字符串长度为 8，右对齐，故左端补 2 个空格。

%10.3s：要求输出字符串左端 3 个字符，整个字符串数据占 10 列。右对齐方式，则先 7 个空格，再输出"computer"左端 3 个字符。

%-10.3s：对齐方式为左对齐，输出字符串要求同%10.3s，故输出"computer"左端 3 个字符后，右端补 7 个空格。

3. 使用 printf 函数要注意的几点：

（1）格式控制字符串和各输出项在数量和类型上应该一一对应。

在 printf（）函数中，当输出表列中变量或表达式的个数多于格式控制字符串的个数时，多出项不予输出；当格式控制字符串的个数多于输出表列中变量或表达式的个数时，无对应变量或表达式的格式控制字符串会输出随机值。

【例 3.11】 分析以下程序的运行结果。

```
#include <stdio.h>

void main()
{
    int  a=1,b=2,c=3;

    printf("%d,%d,%d,%d\n",a,b,c);
    printf("%d,%d,%d",a,b,c,a+b+c);
}
```

程序运行过程和输出结果如下：

1,2,3,1450

1,2,3

结果说明：函数调用 printf("%d,%d,%d,%d\n",a,b,c);语句输出结果为 1，2，3，1450，原因为格式控制字符串的个数多于输出表列中给出的变量的个数，第 4 个格式控制符输出随机值。而执行函数调用 printf("%d,%d,%d",a,b,c,a+b+c);时，输出表列中变量和表达式的个数多于格式字符的个数，则表达式 a+b+c 不输出结果。

（2）前面介绍的 d、o、x、u、c、s、f、e、g 等字符，如紧跟在"%"后面就作为格式字符，否则就作为普通字符使用（原样输出）。

（3）格式字符 x、e、g 可以用小写字母，也可以用大写字母。使用大写字母时，输出数据中包含的字母也大写。除了 x、e、g 格式字符外，其他格式字符必须用小写字母。例如，"%f"不能写成"%F"。

（4）在格式控制字符串中包含转义字符时，注意其输出结果。

【例 3.12】 转义符在 printf()函数中的使用

```
#include <stdio.h>

void main()
{
    int  a=1234,b=5678;

    printf("a=%d\tb=%d\n",a,b);
    printf("a=%d\t\bb=%d\n",a,b);
    printf("\'%s\'\n","CHINA");
    printf("%f%%\n",1.0*a/b);
}
```

该程序的运行过程和输出结果为：

a=1234␣␣b=5678

a=1234b=5678
'CHINA'
0.22%
结果说明：

转义字符\t 的功能是产生<Tab>键，使输出从下一个水平制表位开始。执行语句 printf("a=%d\t\bb=%d\n",a,b);时，输出变量 a 的值后，应输出<Tab>键，但由于转义字符\b 的作用是产生退格（backspace），消除了其前边的\t 作用，因此输出为 a=1234b=5678。

如果想输出字符"%"，则应该在"格式控制"字符串中用连续两个%表示。

（5）注意输出表列中的求值顺序，即当 printf（）函数中的输出表列中有多个表达式时，先计算哪个表达式的问题。不同的编译系统对输出表列中的求值顺序不一定相同，可以从左到右，也可从右到左。Visual C++是按从右到左进行的。

【例 3.13】Visual C++编译系统对输出表列中的求值顺序。

```
#include  <stdio.h>

void  main()
{
    int  i=8;

    printf("%d\n%d\n",++i,--i);
}
```

程序运行过程和输出结果如下：
8
7

说明：本例中 printf 函数对输出表中各变量求值的顺序是自右至左进行的。在式中，先做最后一项"--i"，--i 为前缀运算，i 先自减 1 后输出，输出值为 7。 然后求输出表列中的第一项"++i"，此时 i 自增 1 后输出 8。但是必须注意，求值顺序虽是自右至左，但是输出顺序还是从左至右，因此得到上述输出结果。

3.3.2 scanf（）函数

scanf（）函数称为格式输入函数，其功能是按格式控制字符串规定的格式，从指定的输入设备(一般为键盘)上把数据输入到指定的变量之中。

Scanf（）函数是一个标准库函数，它的函数原型在头文件"stdio.h"中。

scanf（）函数的一般格式：

scanf("格式控制字符串",输入项地址表列);

例如：scanf("%d%f",&i,&f);

其中，"格式控制字符串"中可以包含三种类型的字符：

● 格式指示符：用来指定数据的输入格式。
● 空白字符：包括空格、跳格键和回车键，通常作为相邻两个输入数据的缺省分隔符。
● 非空白字符：又称普通字符，在输入有效数据时，必须原样输入。

输入项地址表列由若干个输入项地址组成，相邻两个输入项地址之间用逗号分开。输入项地址表中的地址,可以是变量的地址,也可以是字符数组名或指针变量(在后续章节中介绍)。变量地址的表示方法为"&变量名",其中"&"是取变量地址运算符。例如,&a,&b,&c 分别表示变量 a、b 和 c 的地址。这个地址是在编译连接时系统分配给变量 a,b,c 的地址。

1. Scanf()函数中的格式指示符说明

格式指示符的一般形式如下:

　　%[修饰符]格式字符

Scanf()函数中使用的格式字符如表 3.3 所示。

表 3.3　　　　　　　　　　　scanf()常用格式字符

格式字符	意　义
d,i	以十进制形式输入带符号整数
o	以八进制形式输入无符号整数
x,X	以十六进制形式输入无符号整数
u	以十进制形式输入无符号整数
f	输入实数,可以用小数形式或指数形式输入
e,E,g,G	与 f 的作用相同,e 与 f、g 可以相互替换
c	输入单个字符
s	输入字符串,将字符串送入一个字符数组中,在输入时以非空字符开始,以第一个空白字符结束,字符串以串结束标记 '\0' 作为其最后一个字符

在 scanf()函数的"格式控制字符串"中,除了必须有格式字符外,还可以根据具体情况使用修饰符。Scanf()函数中常用的修饰符见表 3.4。

表 3.4　　　　　　　　　　　scanf()修饰符

修饰符	意　义
*	表示该输入项读入后不赋予相应的变量,即跳过该输入值
h	表示按短整型输入
l	表示按长整型输入
宽度	用十进制整数指定输入的宽度(即字符数)

例如:执行语句 scanf("%d,%*d,%d",&a,&b);当输入为:1 2 3 时,C 系统将 1 赋予 a,2 输入之后没有赋给任何变量,被跳过,3 赋予 b,即 a=1,b=3;

执行 scanf("%4d",&i);输入 123456789,因为指定宽度为 4,所以 C 系统只把 1234 赋予变量 i,其余部分被截去,即 i=1234。

执行语句 scanf("%3c%3c",&c1,&c2);若输入字符串 abcdefg,则 C 系统将读取的字符串 abc(前三个字符)中的 a 赋给变量 c1,将读取的字符串 def(后三个字符)中的 d 赋给变量 c2。

【例 3.14】 scanf()函数的使用

#include <stdio.h>

```
void main( )
{
    int  a,b,c;

    printf("input  a,b,c\n");
    scanf("%d%d%d",&a,&b,&c);

    printf("a=%d,b=%d,c=%d",a,b,c);
}
```
程序运行过程和输出结果：
input a,b,c
1␣2␣3✓ （✓为回车符）
a=1,b=2,c=3

说明：在 Visula C++下运行程序到调用 getchar（）函数时，系统将打开另一个窗口等待用户输入数据，输入完毕按回车键再返回 Visula C++编辑窗口。该例中，因为没有非格式字符在"%d%d%d"之间作输入数据的间隔，所以可以使用一个或多个空格、回车键或 Tab 键作为两个数值型数据之间的间隔。

【例 3.15】当输入数据为 3␣2␣4␣5 时，程序的输出结果是什么？

```
#include <stdio.h>

void main( )
{
    int  a,b,c;

    printf("input  a,b,c\n");
    scanf("%d%*d%d%d",&a,&b,&c);

    printf("s1=%d,s2=%d,s3=%d",a+b,b+c,a+b+c);
}
```
程序运行过程和输出结果如下：
input a,b,c
3␣2␣4␣5✓
s1=7，s2=9，s3=12

2. 使用 scanf（）函数需要注意的几点：

（1）scanf（）函数中无精度控制。例如 scanf("%5.2f",&a); 是错误的。

（2）scanf（）函数中要求给出变量地址，如给出变量名则会出错。例如 scanf("%d",a); 是非法的，正确形式：scnaf("%d",&a);

（3）在 scanf（）函数的格式控制字符串中，如果相邻两个格式指示符之间不指定分隔符（如逗号、冒号等），则相应的两个输入数据之间至少用一个空格分开，或者用 Tab 键分开，也可以输入一个数据后按回车键,然后再输入下一个数据。

(4) 调用 scanf( ) 函数后,用键盘输入数据时,在格式控制字符串中出现的普通字符(包括转义字符形式的字符),务必原样输入。

例如:

scanf("m1=%d,m2=%d",&m1,&m2);

若给 m1 输入 10,m2 输入 20,则正确的输入操作为:

m1=10, m2=20✓

注意:在 scanf( ) 函数中,对于格式控制字符串内的转义字符(如'\n'),系统并不把它当做转义字符来解释,从而产生一个控制操作,而是将其视为普通字符,所以也要原样输入。

例如:

scanf("n1=%d, n2=%d\n",&n1,&n2);

若给 n1 输入 10,n2 输入 20,则正确的输入操作为:

n1=10, n2=20\n✓

为了改善人机交互性,同时简化输入操作,在设计输入操作时,一般先用 printf( ) 函数输入一个提示信息,再用 scanf( ) 函数进行数据操作。这也是一个程序员良好的编程习惯。

例如:

printf("Please input n1:");

scanf("%d",&n1);

printf("n2= ");

scanf("%d",&n2);

(5) 在输入字符数据时,若格式控制串中无非格式字符,则认为所有输入的字符均为有效字符,特别地,空格和回车等都作为有效字符被输入。例如:

scanf("%c%c%c",&a,&b,&c);

当输入为:

d␣e␣f✓

则把字符 d 赋给变量 a,变量 b 和变量 c 的值为空格。

只有当输入为:def✓时,系统才会把'd'赋给变量 a,'e'赋给变量 b,'f'赋给变量 c。

如果在格式控制字符串中加入空格作为间隔,如:scanf("%c␣%c␣%c",&a,&b,&c);则输入时各数据之间可加空格。

(6) 输入数据时,遇到以下情况时系统认为该数据输入结束:

● 遇到空格、回车或 Tab 键。

● 遇到非法输入。如在输入数值数据时,遇到字母等非数值符号(数值符号仅由数字字符 0~9、小数点和正负号构成)。如对 scanf("%d",&n1); 当输入"135A"时,认为该数据输入结束(A 为非法数据)。

● 遇到输入域宽度结束。例如:scanf("%3d",&n1);输入数据只取三列。

【例 3.16】在以下程序中,要给字符型变量 a、b、c 分别赋以字符常量 L、M、N 时,怎样正确输入?

#include <stdio.h>

```
void main( )
{
    char a,b,c;

    printf("input character a,b,c\n");
    scanf("a=%c,b=%c,c=%c",&a,&b,&c);

    printf("\n%c%c%c\n",a,b,c);
}
```
程序运行过程和输出结果如下：
input character a,b,c
a=L,b=M,c=N✓
LMN

【例 3.17】在以下程序中，分别输入字符串为 A␣B✓ 和 AB✓ 时，程序的输出结果是什么？

```
#include <stdio.h>

void main( )
{
    char a,b;

    printf("input character a,b\n");
    scanf("%c%c",&a,&b);

    printf("%c%c\n",a,b);
}
```
程序运行过程和输出结果如下：
input character a,b
A␣B✓
A␣
再次运行程序，输出结果如下：
input character a,b
AB✓
AB

【例 3.18】运行以下程序，当输入数据分别为 10A1.345 和 12.3456 时，给出程序运行结果。

```
#include <stdio.h>

void main( )
{
```

```
    int a;
    float f;
    char c;

    printf("input data :\n");
    scanf("%d%c%f",&a,&c,&f);

    printf("a=%d,c=%c,f=%f\n",a,c,f);
}
```
程序运行过程和输出结果如下：
input data :
10A1.345↙
a=10, c=A, f=1.345
再次运行程序：
input data :
12.3456↙
a=12, c=. , f=3456.000000

3.3.3 putchar（）函数

putchar（）函数是字符输出函数，功能是在显示器上输出一个字符。一般形式如下：
putchar(c);
其中：c 可以是字符型变量或整型变量，也可以是字符型常量。
例如：
char c='A';
putchar(c);   // 输出大写字母 A
putchar('b');   // 输出小写字母 b
putchar('\n');   // 输出一个换行符，使输出的当前位置移到下一行的开头
putchar（'\101'）;   // 输出大写字母 A
putchar（'\''）   // 输出单引号字符'
putchar（'\015'）   // 输出回车符，不换行，使输出的当前位置移到本行开头
需要注意的是，调用 putchar（）函数时，程序的编译预处理部分必须要包含头文件 stdio.h。
【例 3.19】putchar（）函数的应用
```c
#include <stdio.h>
void main( )
{
    char c1='A',c2='B',c3='C';

    putchar(c1);putchar(c2);putchar(c3);putchar('\t');
    putchar(c1);putchar(c2);
    putchar('\n');
```

```
    putchar(c2);putchar(c3);
}
```
程序运行过程和输出结果如下：
ABC□□□□□AB
BC

3.3.4 getchar（）函数

getchar（）函数是字符输入函数，功能是接收从键盘上输入的一个字符。该函数一般应用形式如下：

<变量>=getchar( );

例如：

char c;

c=getchar( );

运行程序时输入'A'，则将输入的字符 A 赋予字符变量 c。

需要注意的是：

（1）使用 getchar（）函数前必须要包含头文件 stdio.h。

（2）getchar（）函数是一个无参函数，但调用 getchar（）函数时，后面的括号不能省略。getchar（）函数从键盘上接收一个字符作为它的返回值。

（3）getchar 函数只能接受单个字符。输入多于一个字符时，只接收第一个字符。通常把输入的字符赋予一个字符变量，构成赋值语句。

（4）在输入时，空格、回车键等都作为字符读入，而且只有在用户输入回车键时，读入才开始执行。

（5）在 Visula C++下运行程序调用 getchar（）函数时，系统将打开另一个窗口等待用户输入数据，输入完毕按 Enter 键再返回 Visula C++编辑窗口。

【例 3.20】getchar（）函数的应用

```
#include <stdio.h>

void main( )
{
    char c;

    printf("input a character\n");
    c=getchar( );

    putchar(c>='A'&&c<='Z'?c-'A'+'a':c);
    putchar('\n');
}
```
程序运行过程和输出结果如下：
input a character
F↙

f

说明：该程序的功能是输入一个字符，若输入的是大写字母，则转换为小写字母后输出。对于其他字符，则原样输出。

顺序结构程序设计举例：

【例3.21】编写程序，输入三个双精度数，求它们的平均值并保留此平均值小数点后一位数，对小数点后第二位数进行四舍五入，最后输出结果。

程序如下：

```
#include <stdio.h>
void main( )
{
    double f1,f2,f3,aver;

    printf("input f1,f2,f3:\n");
    scanf("%lf %lf %lf",&f1,&f2,&f3);
    aver=(f1+f2+f3)/3;

    printf("aver=%.1f",aver);
}
```

程序运行过程和输出结果如下：
input f1,f2,f3:
123.489 89.573 531.925✓
Aver=248.3

本章小结

本章主要介绍了C语言的语句和分类。简单介绍了顺序结构程序设计的概念。阐述了赋值语句的使用。重点讲解了格式化输出和输入函数的格式控制形式及常用规则。本章内容是编程的基础，应当通过编写和调试程序来逐步深入而自然地掌握相关内容的应用。

思 考 题

1．怎样区分C语言的表达式和表达式语句？什么时候用表达式？什么时候用表达式语句？

2．C语言为什么要把输入输出的功能作为函数，而不作为语言的基本部分？

3．整型变量和字符型变量是否在任何情况下都可以互相代替？如：
　　char c1,c2；与
　　int c1,c2；
是否无条件地等价？

4．f为float类型变量，执行函数调用语句scanf("%d", f)；f却得不到正确数值，原因是什么？

第4章 选择结构

选择结构是程序设计的三种基本结构之一，通过判定给定条件是否成立，从给定的各种可能中选择一种操作。而实现选择程序设计的关键就是要理清条件与操作之间的逻辑关系。

本章介绍了用 C 语言实现选择结构程序设计的方法。C 语言提供了两种语句：if 条件语句和 switch 多分支选择语句，用以实现选择程序的设计，其中 if 语句又分三种结构。在程序设计过程中，根据各语句的结构特点，灵活应用。

应当注意选择是有条件的。在程序设计中，条件通常是用关系表达式或逻辑表达式表示的。关系表达式可以进行简单的关系运算，逻辑表达式则可以进行复杂的关系运算。同时还应该注意，在 C 程序中数值表达式和字符表达式也可以用来表示一些简单的条件。

4.1 用 if 条件语句实现选择结构

4.1.1 单分支 if 条件语句

单分支结构的 if 语句一般形式为：
　if （< 表达式 >）　语句 A
其中：表达式表示的是一个条件。

该语句执行过程是：先判断条件(表达式)，若条件成立，就执行语句 A；否则，直接执行 if 后面的语句。该结构的方框图(流程图)如图 4-1 所示。

例如：
if (a < b)　printf("%d \n", a);
若条件 a<b 成立，就输出 a 的值。

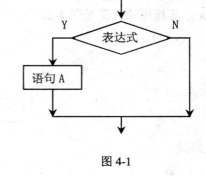

图 4-1

注意：单分支结构只有在条件为真时，才执行给定的操作，如果条件为假，则不执行任何操作

【例 4.1】将 a，b 两数中的大数放入 a 中。

分析：两数比较，要么 a>b，要么 a<b，为后者时，需将 b 的值放入 a 中(即执行 a=b 赋值语句)。

编程如下：
#include <stdio.h>

void main( )
{
　　float a,b;

```
    printf("按格式%%f%%f 送数：\n");
    scanf("%f%f", &a, &b);

    if (a<b) a=b;

    printf("%.2f \n",a);
}
```
程序运行过程和输出结果如下：
  按格式%%f%%f 送数：
  3.8 7.9↙
  7.90

注意：C 语言编辑器 BC31 的编辑环境中不能显示中文，上例中采用中文是为了方便程序的阅读，中文在 BC31 编辑器中的显示为乱码，若想在 BC31 环境下使用注释提示或者输出常量字符串，建议使用英文。

【例 4.2】设 x 与 y 有如下函数关系，试根据输入的 x 值，求出 y 的值。

$$y = \begin{cases} x-7 & (x>0) \\ 2 & (x=0) \\ 3x^2 & (x<0) \end{cases}$$

分析：依题意知：当 x>0 时，y=x-7；当 x=0 时，y=2；当 x<0 时，y=3*x*x；其程序流程图见图 4-2。

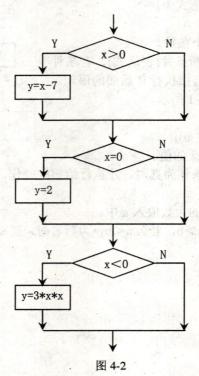

图 4-2

编程如下：
```c
#include <stdio.h>

void main( )
{
    float  x,y;

    printf("\n");
    scanf("%f",&x);

    if (x > 0) y =x-7;
    if (x == 0) y=2;
    if (x < 0) y=3*x*x;

    printf("%.2f \n",y );
}
```
程序运行过程和输出结果如下：
  3.8↙
  -3.20

4.1.2 双分支 if 条件语句

双分支结构 if-else 的一般格式为：
if(< 表达式 >)
　　语句 A
 else
　　语句 B
其中：表达式指的是一个条件。
语句 A 称为 if 子句，语句 B 称为 else 子句。
该语句执行过程是：先判断条件(表达式)，若条件成立，就执行语句 A；否则，执行语句 B。即一定会执行语句 A 和语句 B 中的一句，且只能执行其中的一句。该结构的方框图(流程图)如图 4-3 所示。

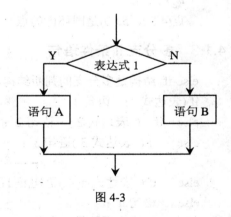

图 4-3

注意：双分支结构可在条件为真或假时执行指定的不同操作。

【例 4.3】判断点(X,Y)是否在如图 4-4 所示的圆环内。
分析：判断点(x，y)是否在圆环内，只需看它是否满足条件 $a^2 \leq x^2+y^2 \leq b^2$。
编程如下：
#include <stdio.h>

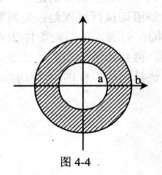

图 4-4

```
void  main( )
{
    float  x,y;
    int    a,b;

    printf("按格式%%f%%f 给 x，y 赋值：");
    scanf("%f %f",&x,&y);

    printf("输入圆环的内、外半径：\n");
    scanf("%d%d"，&a,&b);

    if (  (x*x + y*y)>= a*a  &&  (x*x + y*y) <= b*b)
        printf("点(%.2f，%.2f)是圆环内的点。\n"，x，y);
    else
        printf("点(%.2f，%.2f)不是圆环内的点。\n"，x，y);
}
```
程序运行过程和输出结果如下：

  按格式%f%f 给 x，y 赋值：4.8_5✓
  输入圆环的内、外半径：
  4_8✓
  点(4.80，5.00)是圆环内的点。

4.1.3 多分支 if 条件语句

else-if 结构是多分支的判断结构，它的一般形式为：
if (表达式 1)　语句 1　 ;
else　if (表达式 2) 语句 2 ;
else　 if (表达式 3)语句 3 ;
　　...
else　 if (表达式 n-1)语句 n-1;
else　 语句 n ;
其中：表达式指的是一个条件。

该语句执行过程是：先判断条件 1(表达式 1)，若条件 1 成立，则执行语句 1 后，退出该 if 结构；否则，再判断条件 2(表达式 2)，若条件 2 成立，则执行语句 2 后，退出该 if 结构；否则，再判断条件 3(表达式 3)，若条件 3 成立，则执行语句 3 后，退出该 if 结构……

该结构的方框图(流程图)如图 4-5 所示。

第4章 选择结构

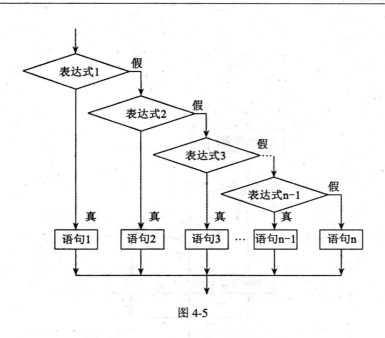

图4-5

注意：多分支结构可以在条件为真时执行指定的操作，条件为假时，进一步判断下一步条件。

【例4.4】用多分支结构求解例4.2。

分析：如图4-6所示。

编程如下：

```
#include <stdio.h>

void main( )
{
    float   x,y;

    printf("送数%%f ：\n");
    scanf("%f",&x);

    if (x > 0)
        y = x-7;
    else  if (x==0)
        y = 2;
    else
        y = 3*x*x;

    printf("%.2f \n",y);
}
```

程序运行如下：

送数%f：
3.8↙
-3.20

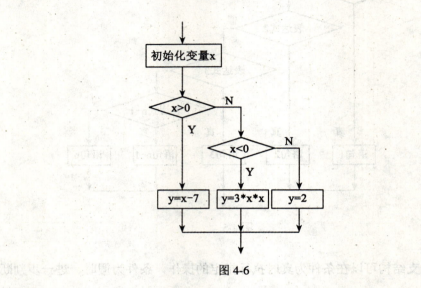

图 4-6

【例 4.5】运输公司对用户计算运费，路程(s)越远，每公里运费越低。标准如下：

    s ＜ 250 km   没有折扣
    250 ≤s ＜ 500 km   2%折扣
    500 ≤s ＜1000 km   5%折扣
    1000≤s ＜2000 km   8%折扣
    2000≤s ＜3000 km   10%折扣
    3000 ≤ s   15%折扣

设每公里每吨货物的基本运费为 p，货物重量为 w，距离为 s，折扣为 d，则总的运费 f 为：f=p*w*s*(1-d)

分析：依题意知，当 s＜250 时，没有折扣；当 250≤s＜500 时，折扣 d=2%；当 500≤s＜1 000 时，折扣 d=5%；当 1 000≤s＜2 000 时，折扣 d=8%；当 2 000≤s＜3 000 时，折扣 d=10%；当 3 000≤s 时，折扣 d=15%。则可画出流程图，见图 4-7。

编程如下：

```c
#include <stdio.h>

void main( )
{
    int s;
    float  p,w,d,f;
```

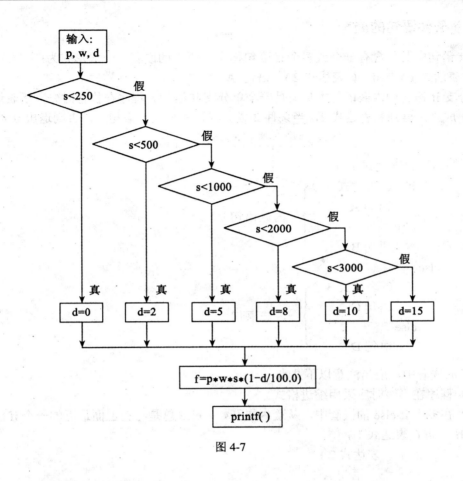

图 4-7

```
    scanf("%f %f %d",&p,&w,&s);

    if ( s < 250 )    d = 0;
    else if  ( s < 500 )  d = 2;
    else if  ( s < 1000 )  d = 5;
    else if  ( s < 2000 )  d = 8;
    else if  ( s < 3000 )  d = 10;
    else   d = 15;

    f = p*w*s*(1-d/100.0);
    printf("距离为%dkm 时的运费是:%.2f 元\n",s,f );
}
```

程序运行过程和输出结果如下:

 2.5␣35␣1500↙
  距离为 1 500.00km 时的运费是：120 750.00 元

4.1.4 if 条件语句的嵌套

在 if 语句中又包含有一个或多个 if 语句称为 if 语句的嵌套。一般形式为：
　　if (表达式 1)　　if （表达式 2)　语句 A

单分支 if 语句的内嵌语句本身又是一个单分支 if 语句。程序在执行时先判断表达式 1，若条件 1 成立，再判断表达式 2，当条件 2 成立时，才会执行语句 A，否则退出 if 语句。又如：

```
        if （表达式 1）
            if （表达式 2）⎫
                语句 A    ⎬ 内嵌语句
            else          ⎭
                语句 B
        else
            if （表达式 3）⎫
                语句 C    ⎬ 内嵌语句
            else          ⎭
                语句 D
```

在 if 的嵌套中，应当注意以下几点：

（1）程序在书写时应采用缩进格式。

（2）在多个 if-else 的嵌套中，从最内层开始，else 总是与它上面最近的一个 if 配对。
例如：　if (表达式 1)
　　　　　　if (表达式 2)
　　　　　　　　语句 A
　　　　　else
　　　　　　　语句 B
　　　　else
　　　　　　　语句 C

等价于：
　　if (表达式 1)
　　　　if (表达式 2)
　　　　　　语句 A
　　　　else
　　　　　　语句 B
　　else
　　　　语句 C

（3）内层的选择结构必须完整地嵌套在外层的选择结构内，两者不允许交叉。

（4）如果 if 与 else 的数目不同，为实现编程者的意图，可以加花括号来确定配对关系。

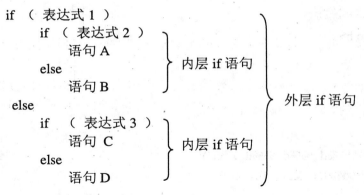

例如： if(表达式 1)
　　　　{ if(表达式 2) 语句 1 }
　　　else　语句 2

若不加花括号，该程序段的结构为：

if(表达式 1)
if(表达式 2)
语句 1
else
语句 2

（5）程序嵌套的层次不可过多。

【例 4.6】任意输入三个数，按由大到小顺序输出。

方法一：

分析：设三个数分别为 a、b、c，将数两两比较，其流程图如图 4-8 所示。

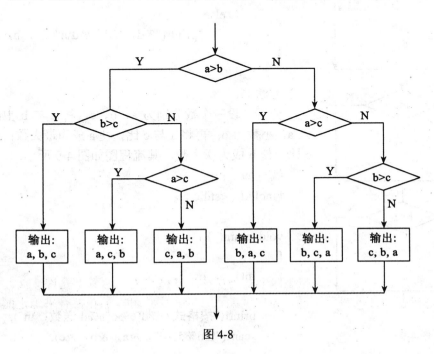

图 4-8

编程如下:
```
#include <stdio.h>

void main( )
{
    int  a, b, c;

    printf("送数%%d %%d %%d : \n");
    scanf("%d%d%d", &a, &b, &c);

    if (a>b)
        if (b > c)
            printf("%d, %d, %d\n", a, b, c);
        else if (a >c )
            printf("%d, %d, %d\n", a, c, b);
        else
            printf("%d, %d, %d\n", c, a, b);
    else
        if (a > c )
            printf("%d, %d, %d\n", b, a, c);
        else if ( b > c )
            printf("%d, %d, %d\n", b, c, a);
        else
            printf("%d, %d, %d\n", c, b, a);
}
```

方法二:

分析:设三个数分别为 a、b、c,将 a 与 b 中的大数放入 a,小数为 b;再将 a 与 c 比,使 a 成为最大数;最后 b 与 c 比,使 b 成为次大数。其流程图如图 4-9 所示。

编程如下:
```
#include <stdio.h>

void main( )
{
    int  a, b, c, k;

    printf("按格式%%d%%d%%d 送数: \n");
    scanf("%d%d%d", &a, &b, &c);
```

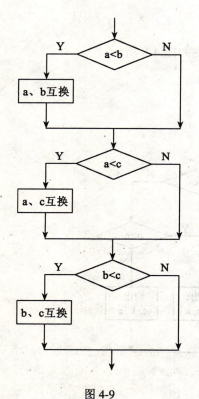

图 4-9

```
        if (a < b)
        {k = a ; a = b ; b = k ; }
        if (a < c)
        {k = a ; a = c ; c = k ; }
        if (b < c)
        {k = b ; b = c ; c = k ; }

        printf("%d, %d, %d\n", a, b, c);
}
```
程序运行过程和输出结果如下：
 按格式%d%d%d 送数：
9␣45␣14↙
 45，14，9
 按格式%d%d%d 送数：
 -13␣12␣0↙
 12，0，-13

4.2 switch 语句

C 语言提供了一个用于多分支的 switch 语句，用它来解决多分支问题更加方便有效。switch 语句也称开关语句，其一般形式如下：

```
    switch(表达式)
    {   case    <常量表达式 1>  : [语句 1 ;] [ break ;   ]
        case    <常量表达式 2>  : [语句 2 ;] [ break ;   ]
        ...
        case    < 常用表达式 n-1 >    : [语句 n-1 ;] [ break ; ]
        [default     : 语句 n ;]
    }
```

其中：
switch 为关键字，其后用{}括起部分称为 switch 的语句体。
表达式可以是整型表达式，或字符表达式，或枚举表达式。
case 常量表达式 1~(n-1)：case 也是关键字。常量表达式应与 switch 后的表达式类型相同，且各常量表达式的值不允许相同。
语句 1~n 可以省略，或为单语句，或为复合语句。
default 为关键字，可以省略，也可以出现在 switch 语句体内的任何位置，但程序依 switch 语句体的顺序执行。
break 语句用于结束当前 switch 语句，跳出 switch 语句体，执行后面的语句。当遇到 switch 语句的嵌套时，break 只能跳出当前一层 switch 语句体，而不能跳出多层 switch 的嵌套语句。
程序在执行到 switch 语句时，首先计算表达式的值，然后将该值与 case 关键字后的常量表达式的值逐个进行比较，一旦找到相同的值，就执行该 case 及其后面的语句，直到遇到 break

语句,才会退出 switch 语句。若未能找到相同的值,就在执行 default 语句后,退出 switch 语句。

例如,下面的程序段是根据考试成绩的等级输出百分制分数段,其流程图见图 4-10。
```
switch(grade)
{   case    'A' : printf("85～100\n");
    case    'B' : printf("70～84\n");
    case    'C' : printf("60～69\n");
    case    'D' : printf("不及格\n");
    default    : printf("输入错误!\n");
}
```

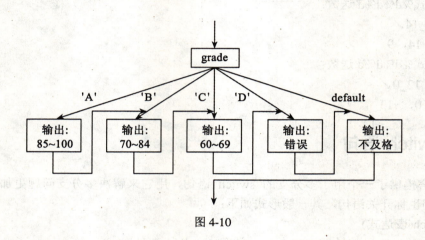

图 4-10

若 grade='B',程序在执行到 switch 语句时,按顺序与 switch 的语句体逐个比较。当在 case 中找到与 grade 相匹配的'B'时,由于没有 break 语句,程序将从 case 'B': 开始,向后顺序执行,输出:

70～84

60～69

不及格

输入错误!

而在上面的 switch 语句中加入 break 语句后,程序及流程图见图 4-11。
```
switch(grade)
{   case    'A' : printf("85～100\n");   break ;
    case    'B' : printf("70～84\n");    break ;
    case    'C' : printf("60～69\n");    break ;
    case    'D' : printf("不及格\n");     break ;
    default    : printf("输入错误!\n");
}
```

此时若 grade 的值不变,则只输出:70～84。

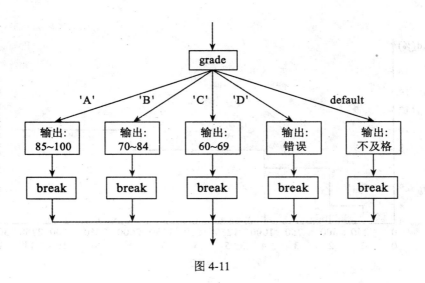

图 4-11

说明：

（1）switch 下的花括号"{ }"不能省略，其作用是让计算机将多分支结构视为一个整体。

（2）case 后的多语句不需要用花括号括住，程序流程会自动按顺序执行 case 后所有的语句。

（3）switch 语句中若没有 default 分支，则当找不到与表达式相匹配的常量表达式时，不执行任何操作。

（4）多个 case 可以共同使用一个语句序列，如：

```
switch(m)
    { case    1 :
      case    3 :
      case    5 : printf("* * * \n");    break ;
      case    2 :
      case    4 :
      case    6 : printf("* * * * \n");   break ;
    }
```

在上例中，若 m = 2，与 case 中的 2 匹配，由于该分支中没有语句，因而顺序向下执行直至输出"* * * *"退出。在这里，当 m 的值为 1、3、5 时输出同样，为"* * *"；m 的值为 2、4、6 时输出同样，为"* * * *"。

【例 4.7】将例 4.5 用 switch 语句编程。

分析：由图 4-12 可知，折扣的"变化点"是 250 的倍数，因此可令 c=s/250，表示 250 的倍数。当 c<1 时，说明 s<250，没有折扣；当 1≤c<2 时，说明 250≤s<500，折扣 d=2%；当 2≤c<4 时，说明 500≤s<1 000，折扣 d=5%；当 4≤c<8 时，说明 1 000≤s<2 000，折扣 d=8%；当 8≤c<12 时，说明 2 000≤s<3 000，折扣 d=10%；当 12≤c 时，说明 3 000≤s，折扣 d=15%。

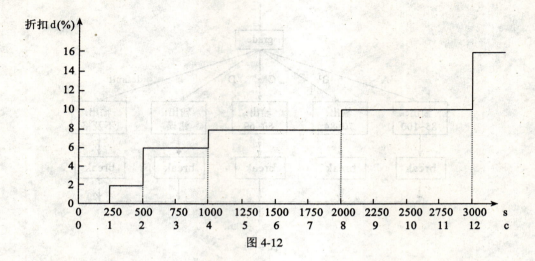

图 4-12

编程如下：
```
#include <stdio.h>

void main( )
{
    int  c,s;
    float  p, w, d, f;

    scanf("%f %f %d", &p, &w, &s);

    if (s >= 3000 )
        c = 12;
    else
        c = s/250;

    switch (c)
    {
        case 0: d = 0; break;
        case 1: d = 2; break;
        case 2:
        case 3: d = 5; break;
        case 4:
        case 5:
        case 6:
        case 7: d = 8; break;
        case 8:
```

```
            case 9:
            case 10:
            case 11: d = 10; break;
            case 12: d = 15; break;
        }
        f = p*w*s*(1-d/100.0);
        printf("距离为%dkm 时的运费是：%.2f 元。\n", s, f);
}
```
程序运行过程和输出结果如下：
 2.5 35 1500↙
    距离为 1 500.00km 时的运费是：120 750.00 元。

本 章 小 结

　　选择结构是程序设计的三种基本结构之一，通过判定给定条件是否成立，从给定的各种可能中选择一种操作。而实现选择程序设计的关键就是要理清条件与操作之间的逻辑关系。
　　本章介绍了用 C 语言实现选择结构程序设计的方法。C 语言提供了两种语句：if 条件语句和 switch 多分支选择语句，用以实现选择程序的设计，其中，if 语句又分三种结构。在程序设计过程中，根据各语句的结构特点，灵活应用。
　　应当注意选择是有条件的。在程序设计中，条件通常是用关系表达式或逻辑表达式表示的。关系表达式可以进行简单的关系运算，逻辑表达式则可以进行复杂的关系运算。同时还应该注意，在 C 程序中数值表达式和字符表达式也可以用来表示一些简单的条件。

思 考 题

　　1．条件语句的嵌套可以交叉吗？
　　2．条件运算符能否代替条件语句？
　　3．break 语句可以跳出嵌套 switch 语句吗？

第5章 循环结构

循环结构又称重复结构，是程序设计三种基本结构之一。在实际问题中，常常需要进行大量的重复处理，而循环控制可以让计算机反复执行，从而完成大量类同的计算。利用循环结构进行程序设计，一方面降低了问题的复杂性，减少了程序设计的难度；另一方面也充分发挥了计算机自动执行程序、运算速度快的特点。

所谓循环就是重复地执行的一组指令或程序段。在程序中，需反复执行的程序段称为循环体，用来控制循环进行的变量称为循环变量。在程序设计过程中，要注意程序循环条件的设计和在循环体中对循环变量的修改，以免陷入死循环。在实际应用中根据问题的需要，可选择用单重循环或多重循环来实现循环，并要处理好各循环之间的依赖关系。

C 语言提供的循环语句有三种：while 语句、do-while 语句和 for 语句。for 循环的使用较为灵活，且不需要在循环体中对循环变量进行修改；而 while 和 do-while 必须在循环体中对循环变量进行修改。

在程序设计时应根据实际需要，合理选择实现循环的语句。

5.1 while 语句

while 语句实现"当型"循环的结构。其一般形式如下：

while （< 表达式 >） 语句

其中：表达式的作用是进行条件判断，一般为关系表达式或逻辑表达式。

循环体语句是 while 语句的内嵌语句，该语句可以是一条语句，也可以是由多条语句构成的复合语句，如果是复合语句，则需要用花括号{}括起来。

当程序执行 while 语句时，先计算条件(表达式)的值，若条件为真(非 0)，则执行 while 语句的内嵌语句，然后再计算条件(表达式)，如此循环，直到条件为假(表达式的值为 0)。当条件为假(0)时，则执行 while 后面的语句。其流程图如图 5-1 所示。

【例 5.1】while 语句应用举例。

```
#include <stdio.h>

void main( )
{
    int t;

    t=10;
    while (t>=0)t--;
```

```
        printf("t=%d\n",t);
}
```

在例 5.1 中，变量 t 的初值为 10。执行 while 语句时，先判断条件 t>=0 成立，则执行内嵌语句 t--，自减后，t 为 9;再判断条件依旧成立，如此循环，直至 t=-1，条件不再成立，则退出循环，输出 t 的值为-1。在这里 t--被反复执行，是循环结构中的循环体，变量 t 用来控制循环是否进行，是循环变量。注意，循环结束时，t 的值是-1 而不是 0。该程序的流程图如图 5-2 所示。

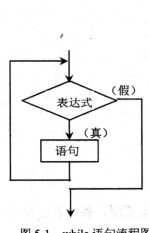

图 5-1 while 语句流程图

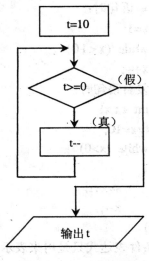

图 5-2 例 5.1 流程图

while 语句的特点是：先判断条件(表达式)，再执行循环体(循环体语句)。

说明：

（1）while 语句的作用是当条件成立时，使语句(即循环体)反复执行。为此，在 while 的内嵌语句中应该增加对循环变量进行修改的语句，使循环趋于结束，否则将使程序陷入死循环。

例如：   x=10;
          while (x >0)
              printf("%d\n", x);
应改为： x=10;
          while (x-->0)
              printf("%d\n", x);

（2）在循环体中，循环变量的值可以被使用，一般不允许对循环变量重新赋值，以免程序陷入死循环。

例如：   int   x,s,t;
          x=s=10;
          while (x-->0)

```
            s=x+t;        //使用 x 的值
```
错误的程序：
```
        Int    x,t;
        x=t=10;
        while (x-->0)
        x=t;           //给循环变量 x 重新赋值，程序将陷入死循环
```
（3）语句可以为空语句，也可以为单语句，或者是一个复合语句。

例如：为空语句时：
```
        while (x);    //分号不能省
```
为单语句时：
```
        x=1;
        while (x<10)
        x++;
```
为复合语句时：
```
        int s,t,x;
        t=x=10;
        while (x>0)
        {
            s=x+t;
            x--;
        }
```
（4）若条件表达式只是用来表示等于零或不等于零的关系时，条件表达式可以简化成如下形式：
```
        while (x!=0) 可写成 while (x)
        while (x==0) 可写成 while(!x)
```

【例 5.2】求 $\sum_{n=1}^{100} n$

分析：该例是求 1 到 100 的和，s=1+2+3+…+100。即 S0=0，Sn=Sn-1+n。设变量 s 表示求和的结果，变量 t 从 1 循环到 100，累加求和赋值语句为 s=s+t，那么 s 的初值为 0，t 的初值为 1。当 t 的值逐渐增加时，s=s+t 赋值号右边的 s 为 0 到(t-1)的和，赋值号左边的 s 则为 1 到 t 的和。在 C 程序中 s=s+t 还可写为 s+=t。其流程图如图 5-3 所示。

编程如下：
```
#include <stdio.h>

void main( )
{
    int t,s=0;

    t=1;
```

```
        while (t<=100)
        {
            s+=t;
            t++;
        }

        printf("1 + 2 + 3 +…+ 100 = %d\n",s);
}
```
程序运行过程和输出结果如下：
1 + 2 + 3 +…+ 100 = 5050

【例5.3】求n！

分析：该例是求 n 的阶乘，n！=n*(n-1)*(n-2)*…*2*1，0！=1。即S0=1，Sn=Sn-1*n。可以从 S0 开始，通过循环控制依次求出 S1、S2…Sn。设变量 s 为求阶乘的结果，变量 t 从 1 循环到 n，求阶乘赋值语句为 s=s*t，那么 s 的初值为 1，t 的初值为 1。当 t 的值逐渐增加时，s=s*t 赋值号右边的 s 为 s 的初值及 1 到(t-1)的积，赋值号左边的 s 则为 1 到 t 的积。在 C 程序中 s=s*t 可写为 s*=t。其流程图如图 5-4 所示。

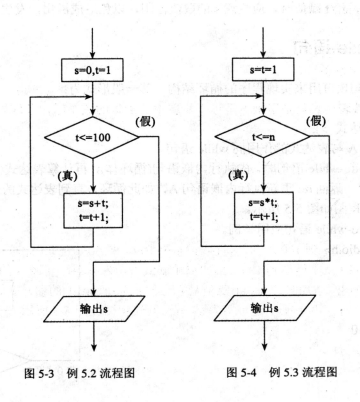

图 5-3 例 5.2 流程图　　　图 5-4 例 5.3 流程图

编程如下：
```
#include <stdio.h>

void main( )
```

```
{
    int    n,t=1;
    long int s=1;

    scanf("%d",&n);
    while (t<=n )
    {
        s*=t;
        t++;
    }

    printf("n! = %d ! = %ld\n",n,s);
}
```

程序运行过程和输出结果如下：
输入：5↙
n！= 5！= 120
在此程序中，给t赋值时，应注意s的取值范围，以免造成溢出，发生错误。

5.2 do-while 语句

do-while 语句也可用来实现程序的循环结构，其一般形式为：
do   <语句A>
while (< 表达式 >);
其中，语句A与表达式的作用同 while 语句。

当程序执行 do-while 语句时，先执行内嵌语句(循环体)，再计算表达式(条件)，当表达式的值为非 0(真)时，返回 do 重新执行内嵌语句 A，如此循环，直到表达式的值为 0(假)时，才退出循环。其流程图如图 5-5 所示。

【例 5.4】do-while 语句应用举例。
```
#include <stdio.h>

void main()
{
    int t=10;

    do
    t--;
    while (t>=0);

    printf("t = %d \n",t);
}
```

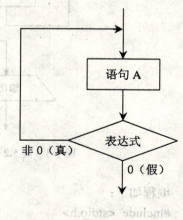

图 5-5

在例 5.4 程序中，变量 t 的初值为 10。执行 do 语句时，先执行内嵌语句 t--，自减后，t 为 9；再判断条件 t>=0 成立，则继续执行内嵌语句 t--后，条件依旧成立；如此循环，直至 t=-1，条件不再成立时为止，退出循环。此时，输出 t 的值为-1。在 do-while 语句中，是先执行循环体，然后再判断条件的。

注意，在 do-while 语句中，while 语句后的表达式处有一个分号。

do-while 语句的特点是：

①先执行语句 A，再判断条件(表达式)，确定是否需要循环。

②从程序的执行过程看，do-while 循环属于"直到型"，但在程序的执行和书写过程中，应注意比较 do-while 循环与"直到型"循环的区别。图 5-6 是二者比较的流程图。

和 while 语句一样，用 do-while 语句编程时，应注意对循环变量进行修改；当内嵌语句 A 包含一个以上的语句时，应用复合语句表示；do-while 语句是以 do 开始，以 while 表达式后的分号结束的。

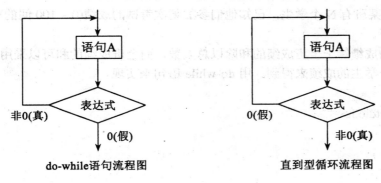

图 5-6

从上面的例子可以看到，一个问题既可以用 while 语句也可以用 do-while 语句来处理。而且，在一般情况下，用 while 语句和用 do-while 语句处理同一个问题时，若二者的循环体相同，那么结果也相同。但是当 while 语句的条件一开始就不成立时，两种循环的结果是不同的。例 5.5 是分别用 while 语句和 do-while 语句处理一个问题的例子。

【例 5.5】while 语句和 do-while 语句处理同一问题的例子。

编程如下：

```
#include <stdio.h>                    #include <stdio.h>
void main( )                          void main( )
{                                     {
   int   t,s=0;                          int   t,s=0;
   scanf(" %d ",&t);                     scanf(" %d ",&t);
   while ( t<=10 )                       do  {  s+=t;
   {  s+=t;                                     t++;
      t++;                                   }
   }                                     while (t<=10);
   printf(" s=%d\n ",s);                 printf(" s=%d\n ",s );
```

}

程序运行过程和输出结果如下：　程序运行过程和输出结果如下：

输入：1↙　　　　　　　　　　输入：1↙
 s = 55　　　　　　　　　　　 s = 55
再运行一次：　　　　　　　　再运行一次：
 输入：11↙　　　　　　　　　 输入：11↙
 s = 0　　　　　　　　　　　　s = 11

可以看出，当输入的 t 值小于或等于 10 时，因为一开始循环条件是成立的，所以对于用 while 语句和 do-while 语句实现的两个程序其运行结果是相同的。当输入的 t 值大于 10 时，对属于"当型"循环的 while 语句，它首先计算条件表达式的值，为"假"则不进入循环体，而对于 do-while 语句，它是先执行循环体，然后才判断条件，所以用 while 语句和 do-while 语句实现的两个程序得到的结果不一样。由此可以得出：当 while 语句中的表达式第一次的值为"真"时，两种语句得到的结果是相同的，否则结果不同。

【例 5.6】某班有 N 个学生，已知他们参加某次考试的成绩(0～100 间的整数)，求全班同学的平均成绩。

分析：平均成绩等于全班成绩的和除以总人数，而全班成绩的和可以采用循环从键盘上读取输入的每个学生的成绩来得到。用 do-while 语句来实现。

编程如下：

```
#include <stdio.h>

void main( )
{
    int  n, i, score, sum;
    float  average;

    printf("请输入全班总人数%%d：\n");
    scanf("%d",&n);
    i=sum=0;

    do
    {
        i++;
        printf("请输入第%d 同学的成绩：\n",i);
        scanf(" %d ",&score);
        sum+=score;
    }
    while  (i<=n);

    average  =(float)sum/n;
    printf("全班同学的平均成绩为：%.2f 。\n",average);
```

}
程序运行过程和输出结果如下：
请输入全班总人数%d：5✓
请输入第 1 同学的成绩：80✓
请输入第 2 同学的成绩：70✓
请输入第 3 同学的成绩：50✓
请输入第 4 同学的成绩：60✓
请输入第 5 同学的成绩：90✓
全班同学的平均成绩为：70.00。

【例 5.7】用 $\frac{\pi}{4}=1-\frac{1}{3}+\frac{1}{5}-\frac{1}{7}+\cdots$ 公式求 π 的近似值，直到最后一项的绝对值小于 10^{-6} 为止。

分析：此题是利用公式求 π 的近似值，当最后一项 $\left|(-1)^{n-1}\frac{1}{2n+1}\right|<10^{-6}$ 时，求和结束。这就是循环的条件。与前面几道例题不同的是：在这里求和的项数是未知的。

编程如下：

```
#include <math.h>
#include <stdio.h>

void main( )
{
    int s;
    float n,t,pi;

    s=1,pi=0,n=t=1.0;

    do
    {
        pi+=t;
        n+=2;
        s=-s;
        t=s/n;
    }while (fabs(t)>1e-6);

    pi*=4;
    printf(" pi = %.6f \n ",pi);
}
```

程序运行过程和输出结果如下：
pi = 3.141593

5.3 for 语句

for 语句是 C 语言中使用最为灵活的语句，不论循环次数是已知，还是未知，都可以使用 for 语句。for 语句的一般形式如下：

for ([表达式 1];[表达式 2];[表达式 3])
  语句

for 语句的执行过程如下：

step 1：先计算表达式 1 的值。

step 2：再计算表达式 2(条件)的值，若表达式 2 的值为非 0("真"，条件成立)，则执行 for 语句的循环体语句，然后再执行第 3 步。若表达式 2 的值为 0("假"，条件不成立)，则结束 for 循环，直接执行第 5 步。

step 3：计算表达式 3 的值。

step 4：转到第 2 步。

step 5：结束 for 语句(循环)，执行 for 语句后面的语句。

图 5-7 为 for 语句的流程图。

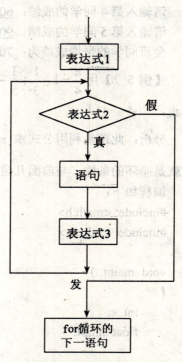

图 5-7 for 语句的流程图

例如：
```
for (i=1;i<=10;i++)
  s = s + i;
```
相当于：
```
i=1;
while(i<=10)
{ s = s + i;
  i++;
}
```

说明：

①在 for 语句中，表达式 1 通常是用来给循环变量赋初值的；表达式 2 是用来对循环条件进行判断的；表达式 3 通常是用来对循环变量进行修改的。因此，for 语句也可以写成如下形式：

for (循环变量赋初值；循环条件；循环变量增值)
  语句

②表达式 1 省略。则应在 for 语句之前给循环变量赋初值。如上例可写成：
```
i=1;
for (;i<=10;i++)
    s+=i;
```

③表达式 2 省略，则认为表达式 2 始终为真，程序会陷入死循环。

例如：　　for (i=0;;i++)

```
        s+=i;
等价于：  for (i=0;1;i++ )
              s+=i;
```
因此表达式 2 最好不省略。如果省略表达式 2,则在循环体中要有结束循环的语句。

④表达式 3 省略,则应在循环体中变化循环变量。如上例可写成：
```
    for (i=1;i<=10; )
    { s+=i;
        i++;
    }
```
⑤三个表达式可以全部或部分的省略,但需在循环体内对循环条件进行设置,对循环变量进行修改,防止程序进入死循环。

例如：
```
for ( ; ; )
    { i++;           //修改循环变量
      if(i>100)break; //设置循环条件
    }
```
又例：
```
i=1;
for (;i<100; )
{ sum+=i;
    i++;
}
```

⑥表达式 1 和表达式 3 可以是一个简单表达式,也可以是一个逗号表达式；它可以与循环变量有关,也可以与循环变量无关。

例如：
```
for (x=0,y=0;x+y<=10;x++,y++)
        s=x+y;           //表达式 1,表达式 3 为逗号表达式
```
又例：
```
i=0;
for (sum=0;i<=10;sum++)
    { sum+=i;
        i++;
    }
```

【例 5.8】求 e^x 的泰勒级数展开式：

$$e^x = 1 + x + \frac{x^2}{2!} + \frac{x^3}{3!} + \cdots + \frac{x^n}{n!} + \cdots \quad (|x| < \infty) \text{ 前 } n \text{ 项之和}.$$

分析：由泰勒级数展开式知：第 $n+1$ 项可以由第 n 项乘以 $\frac{x}{n+1}$ 得到,即：

$$\frac{x^{n+1}}{(n+1)!} = \frac{x^n}{n!} \times \frac{x}{n+1}$$

编程如下：

```
#include <stdio.h>

void main()
{
    int   n,i;
    float  x,t,s;

    printf("为 n, x 赋值：\n");
    scanf("%d%f",&n,&x);

    for (s=t=1.0,i=1;i<=n;i++)
        { t=t*x/i; s+=t; }

    printf("当n= %d, x=%.2f 时, s=%.5f：\n",n,x,s);
}
```

程序运行过程和输出结果如下：
为 n, x 赋值：
20 0.5✓
当n= 20, x=0.50 时, s=1.64872
30 6✓
当n= 30, x=6.00 时, s=403.42871

【例5.9】求 $1-\frac{1}{2}+\frac{1}{3}-\frac{1}{4}+\cdots+\frac{1}{99}-\frac{1}{100}$

分析：本例实际上是求 $\sum_{n=1}^{100} n$ 的变形，在程序设计中，可用 t=-t 改变符号。

编程如下：
```
#include <stdio.h>

void main( )
{
    int   i,t;
    float  s;

    for (s=0.0,i=t=1;i<=100;i++)
        {
            s+=t/(float)i;
            t=-t;
        }

    printf("s = %.5f \n", s);
```

}

程序运行过程和输出结果如下：

s=0.68817

注意，程序设计中，(float)i 将变量 i 强制转换成浮点数，以防 t/i 的商为 0。

三种循环语句的比较：

（1）三种循环都可以对同一个问题进行处理，通常三者可以互换。如例 5.10。

【例 5.10】对于问题：求水仙花数，分别用三种循环语句来编写程序。

分析：水仙花数是一个三位数，这个数等于它的百位、十位和个位数的立方之和。如 153 是一个水仙花数，因为 $153=1^3+5^3+3^3$。

用 while 语句来编写程序为：

```
#include <stdio.h>

void main( )
{
    int n=100,i,j,k;    //i、j、k 用来放这个数的百位、十位和个位

    printf("水仙花数是：");

    while (n<1000)
    {
        i=n/100;
        j=(n/10)%10;
        k=n%10;
        if (n==i*i*i+j*j*j+k*k*k)
            printf("%6d",n);
        n=n+1;
    }
}
```

用 do-while 语句来编写程序为：

```
#include <stdio.h>

void main( )
{
    int n=100,i,j,k;

    printf("水仙花数是：");

    do
    {
```

```
            i=n/100;
            j=(n/10)%10;
            k=n%10;
            if (n==i*i*i+j*j*j+k*k*k)
                printf("%6d",n);
            n=n+1;
        }while (n<1000);
}
```

用for语句来编写程序为：
```
#include <stdio.h>

void main( )
{
    int n=100,i,j,k;

    printf("水仙花数是：");

    for(n=100;n<1000;n++)
    {
        i=n/100;
        j=(n/10)%10;
        k=n%10;
        if (n==i*i*i+j*j*j+k*k*k)
            printf("%6d",n);
    }
}
```

（2）while和for属于"当型"循环，do-while属于"直到型"循环。

用while和do-while循环时，循环变量的初始化的操作是在while和do-while语句之前完成的，对循环变量的修改是在循环体中完成的。而for语句通常是在表达式1中实现对循环变量的初始化，在表达式3中实现对循环变量的修改。

5.4 嵌套循环结构

在一个循环体内又包含有另一个或多个完整的循环结构，称为循环的嵌套。例如有程序段：
```
for (m=1;m<=10;m++)
    for ( n=1;n<=5;n++ )
        printf("m=%d, n=%d\n", m, n);
```
或写为：

```
        m=1;
        while (m<=10)
        {
             n=1;
             while (n<=5)
               {  printf("m=%d, n=%d \n", m, n );
                  n++;
               }
             m++;
        }
```

分析：上面的程序段是二层循环嵌套。该程序段的执行过程如下：程序首先执行第一个 for 语句(外循环)，变量 m 赋初值为 1，判断条件 m<=10 成立，则执行第二个 for 语句(内循环)。给变量 n 赋初值为 1，判断条件 n<=5 成立，输出 m，n 的值为 1，1。再执行 n++，判断条件 n<=5 成立，输出 m，n 的值为 1，2。再执行 n++……直至 n=6，退出内循环。再执行 m++，判断条件 m<=10 成立，如此循环，直至外循环结束，该程序段退出。

图 5-8 为该程序段的流程图。

在这个程序段中，外循环一共循环了 m 次，内循环则循环了 m×n 次。

循环的嵌套需要注意：

①内循环必须完整地嵌套在外循环内，两者不允许相互交叉。

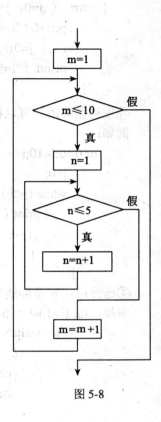

图 5-8

```
例如： for （i=0；i＜10；i++ ）
          for （ j=0；j＜5；j++ ）
              printf（ "i=%d, j=%d \n " , i, j);
```
（内循环、外循环）

或写为：
```
  i=0;
  while (i<10)      //外循环
    {   j=0;
        while (j<5)     //内循环
        { printf("i=%d, j=%d \n", i, j);
          j++;
        }
        i++;
    }
```

②并列的循环变量可以同名，但嵌套循环变量不允许同名。

```
for （i=0；i＜10；i++ ）
  { for （ j=0；j＜5；j++ ）       ┐
      printf（"i=%d, j=%d \n", i, j);  ├ 内循环 1  ┐
    for （ j=0；j＜10；j++ ）            │          ├ 外循环
      printf（"i=%d, j=%d \n", i, j);  ├ 内循环 2  ┘
  }
```

③三种循环语句可以相互嵌套，但不允许交叉。
例如：
```
for (i=0;i<10;i++ )
  { j=0;
    while (j<5 )
      { printf( " i=%d, j=%d \n " , i, j);
        j++;
      }
  }
```

④选择结构和循环结构彼此之间可以相互嵌套，但二者不允许交叉。
例如：
```
for (i=1;i<=5;i++)
  { switch (i)
      { case 1: printf( " * " );break;
        case 2:
        case 3: printf( " * * * " );break;
        case 4:
        default : printf( " * * * * * " );
      }
  }
```

【例5.11】输出如下图形：
```
* * * * * * * *
* * * * * * * *
* * * * * * * *
* * * * * * * *
```

分析：图形由4行组成，每行有8个*号。所以，可以用二层循环控制。外循环控制行，行从1到4，内循环控制列，每列从1到8。
编程如下：
```
#include <stdio.h>

void main( )
{
    for(i=1;i<=4;i++)
```

```
        {
            for(j=1;j<=8;j++)
                printf("*");
            printf("\n");
        }
    }
```

5.5　break 语句、continue 语句和 goto 语句

5.5.1　break 语句

一般形式：break;

作用：在循环结构中，可从循环体内跳出循环体，提前结束该层循环，继续执行后面的语句，或从 switch 结构中跳出（第 4 章中已经介绍过）。

例如：
```
for (i=5;i<=10;i++)
{
    printf("i=%d\n"，i);
    break;
}
```

break 语句只能在 switch 语句和循环体中使用。当 break 语句使用在某个 switch 语句体内时，其作用是跳出该 switch 语句体。当 break 语句在循环体中的 if 语句体内时，其作用是跳出本层循环体。在多层嵌套结构中，break 语句只能跳出一层循环或者一层 switch 语句体，而不能跳出多层循环体或多层 switch 语句体。

试比较下面两个程序段：

程序段(1)：
```
for  (i=1;i<=5;i++)
switch  (i)
{
    case  1： printf("*\n");break;
    case  2： printf("**\n");break;
    case  3： printf("***\n");break;
    case  4： printf("****\n");break;
    case  5： printf("*****\n");break;
}
printf("i=%d\n",i);
```
该程序段的运行如下：
```
*
**
***
```

```
****
*****
i=6
```

程序段(2)：
```
for (i=1;i<=5;i++)
{
    if (i==1) { printf("*\n");break;}
    if (i==2) { printf("**\n");break;}
    if (i==3) { printf("***\n");break;}
    if (i==4) { printf("****\n");break;}
    if (i==5) { printf("*****\n");break;}
}
printf("i=%d\n",i);
```

该程序段的运行如下：
```
    *
    i=1
```

程序段(1)中的 break 跳出的是 switch 语句。如 i=1 时，输出一个*后遇到 break 语句，则跳出 switch 语句，开始 i=2 的下一次循环。程序段(2)中的 break 跳出的是 for 语句。当 i=1 时，进入循环输出一个*后遇到 break 语句，因为 break 语句只能在 switch 语句和循环体中使用，所以这个 break 语句跳出的是 for 语句。接着执行 for 后面的语句，输出 i=1。

注意：可以用 break 语句从内循环跳转到外循环，但不允许从外循环跳转到内循环。

例如：
```
for (i=1;i<=10;i++)
{    for (j=1, s=0;j<=100;j++)
     {  s=s+j+i;
        if (s>200) break;
     }
     printf(" i=%d, j=%d, s=%d\n ", i, j, s);
}
```

【例 5.12】计算半径 r=1 到 r=10 时圆的面积，直到面积 area 大于 100 为止。

分析：本问题退出循环的条件有两个：一个是 r>10，另一个是计算的面积 area>100，当满足其中的任意一个条件时，则退出循环。

编程如下：
```
#include <stdio.h>
#define pi   3.14159

void main( )
{
    int  r;
    float area;
```

```
    for( r=1;r<=10;r++)
    {
        area=pi*r*r;
        if (area>100)
            break;
    }

    printf("%f\n",area);
}
```

5.5.2 continue 语句

一般形式： continue;

作用：结束本次循环，不再执行 continue 语句之后的循环体语句，直接使程序回到循环条件，判断是否提前进入下一次循环。

【例 5.13】任意输入 10 个数，找出其中的最大数和最小数。

分析：由于最大数、最小数的范围无法确定，因此，设第一个数为最大数、最小数，然后将其余九个数分别与最大数、最小数进行比较即可，如果当前读的数 x 比最大数 max 还大，则将 x 的值赋给 max。显然这时不需要去将数 x 与最小数 min 比较了，所以可以结束这次循环，转向判断条件，条件成立，则读下一个数。

编程如下：

```
#include <stdio.h>

void main( )
{
    int   max, min, x, n;

    printf( " 请输入第 1 个数：\n " );
    scanf( " %d " ,&x);

    max=min=x;

    for  ( n =2; n <=10; n ++)
    {
        printf("请输入第%d 个数：\n", n );
        scanf( " %d " ,&x);
        if  ( x >max)
            {max=x;   continue;}
        if  ( x <min)   min=x;
    }
```

                printf("最大数为：%d;最小数为：%d 。\n",max，min);
        }
    程序运行过程和输出结果如下：
    请输入第 1 个数：20↙
    请输入第 2 个数：5↙
    请输入第 3 个数：12↙
    请输入第 4 个数：8↙
    请输入第 5 个数：100↙
    请输入第 6 个数：6↙
    请输入第 7 个数：9↙
    请输入第 8 个数：44↙
    请输入第 9 个数：30↙
    请输入第 10 个数：51↙
    最大数为：100；最小数为：5。

在例 5.13 中，当 if(x >max)语句为真时，执行 continue 语句后，结束本次循环，即在该次循环中，不执行循环体语句 if (x < min) min=x，转而直接执行 n++，再判断是否进入下次循环。只有当 if(x >max)语句为假时，才会执行循环体语句 if (x < min) min=x。

注意：continue 语句只结束本次循环，而不是终止整个循环的执行。而 break 语句则是结束整个循环，程序从本层循环中跳出。例如有以下两个循环结构：

程序段(1)   程序段(2)
while (表达式 1)   while (表达式 1)
{ …   { …
    if (表达式 2) continue;   if (表达式 2) break;
    …   …
}   }

程序段(1)的流程图如图 5-9 所示，程序段(2)的流程图如图 5-10 所示。注意程序中当表达式 2 为真时，continue 语句和 break 语句在流程中的转向。

5.5.3 goto 语句

goto 语句是一个无条件转向语句，它能使程序执行的顺序无条件地改变，其一般形式为：
goto   语句标号；
……
标号：语句；
其中，语句标号为标识符，其命名规则同变量名，即由字母或下画线开始，后跟字母、数字或下画线。例如：
s = 0.0;
scanf(" %d%d%d " ,&a,&b,&c);
goto   cal;
s=0.5*(a+b+c);

第5章 循环结构

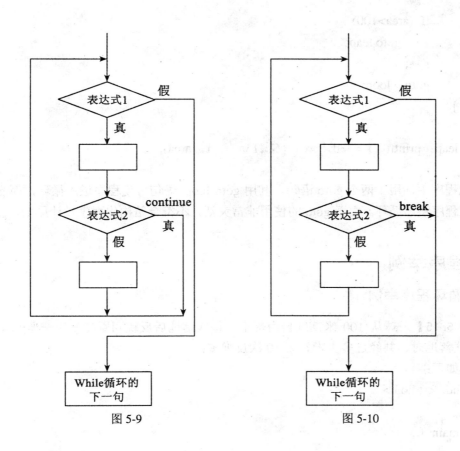

图 5-9　　　　　　　　　图 5-10

　　cal：printf(" s= %f \n " ,s);

　　当程序执行到 goto 语句时，便无条件地转到语句标号为 cal 处，直接执行 printf 语句，程序原来的执行顺序被打乱。由于 goto 语句易使程序流程无规律，可读性差，结构化程序设计方法主张限制使用 goto 语句，以防滥用。但在下述情况可用 goto 语句：

- 与 if 语句一起构成循环结构。
- 从内循环体中跳转到循环体外。

【例 5.14】将例 5.12 用 goto 语句重写。

编程如下：

```
#include <stdio.h>

void main( )
{
    int   r=1;
    float   area,pi=3.14;

    loop:   if  (r<=10)
    {
        area=pi*r*r;
```

```
            if (area>100)
                goto leap;
            r++;
            goto  loop;
    }

        leap: printf( " r = %d, area = %.2f \n " , r, area);
}
```

在此程序中，用了两个 goto 语句，利用 goto loop 语句可使程序进入循环，而 goto leap 语句则使程序跳出循环。由于 goto 的使用非常灵活，不符合结构化程序设计原则，在程序设计中很少使用。

5.6 程序举例

5.6.1 循环程序举例

【例 5.15】一球从 100 米高度自由落下，每次落地后反跳回原高度的一半;再落下，求它第 10 次落地时，共经过多少米？第 10 次反弹多高？

编程如下：

```
#include <stdio.h>

void main ( )
{
    float sn , hn;
    int n;

    sn=100.0;
    hn=sn/2;

    for(n=2;n<=10;n++)
    {
        sn=sn+2*hn;            //第 n 次落地时共经过的米数
        hn=hn/2;               //第 n 次反跳高度
    }

    printf("the total of road is %f\n",sn);
    printf("the tenth is %f meter\n",hn);
}
```

程序运行过程和输出结果如下：

the total of road is 299.609375

the tenth is 0.097656 meter

【例 5.16】输入某班 n 个学生的成绩，分别统计各分数段的人数。
程序流程图如图 5-11 所示。

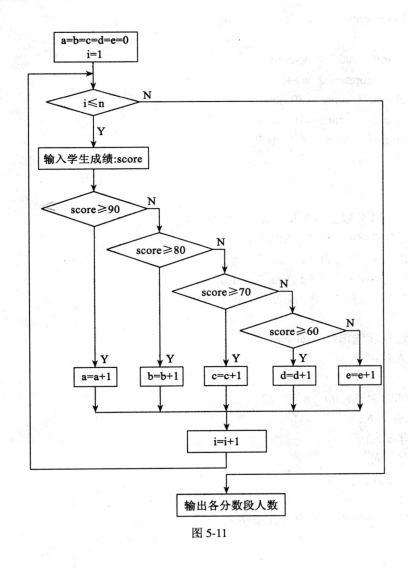

图 5-11

编程如下：
```
#include <stdio.h>
```

```
void main( )   //此程序可以由用户输入学生人数，更灵活。
{
    int   a, b, c, d, e, score;
    int   i, n;
```

```
        a = b = c = d = e = 0;
        printf( " 输入学生人数：\n " );
        scanf( " %d " ，&n );

        for (i=1;i<=n;i++ )
        {
            scanf( " %d " ，&score );
            if ( score>=90 )a++;
            else if ( score>=80 )b++;
            else if ( score>=70 )c++;
            else if ( score>=60 )d++;
            else  e++;
        }

        printf( " 90 分以上有%d 人;\n " ，a );
        printf( " 80~89 分有%d 人;\n " ，b );
        printf( " 70~79 分有%d 人;\n " ，c );
        printf( " 60~69 分有%d 人;\n " ，d );
        printf( " 不及格有%d 人。\n " ，e );
}
```

程序运行过程和输出结果如下：

输入学生人数：

10↵

80 67 56 89 94 88 90 78 75 62↵

90 分以上有 2 人;

80~89 分有 3 人;

70~79 分有 2 人;

60~69 分有 2 人;

不及格有 1 人

【例 5.17】按下述形式输出九九乘法表。

```
1*1 = 1
1*2 = 2   2*2 =  2
1*3 = 3   2*3 =  6   3*3 =  9
1*4 = 4   2*4 =  8   3*4 = 12   4*4 = 16
1*5 = 5   2*5 = 10   3*5 = 15   4*5 = 20   ……
1*6 = 6   2*6 = 12   3*6 = 18   4*6 = 24
1*7 = 7   2*7 = 14   3*7 = 21   4*7 = 28   ……
1*8 = 8   2*8 = 16   3*8 = 24   4*8 = 32
……  ……
```

```
1*9 = 9   2*9 = 18   3*9 = 27   4*9 = 36   ……   ……
……   9*9 = 81
```

分析：依题知：该九九乘法表为一个九行九列呈阶梯状的图表。按行观察：

```
1*1 = 1                              /*第 1 行的第 2 个数字为 1*/
1*2 = 2   2*2 = 2                    /*第 2 行的第 2 个数字为 2*/
1*3 = 3   2*3 = 6   3*3 =9           /*第 3 行的第 2 个数字为 3*/
```

以此类推，每行的第二个数字均相同，且每行的最末一列的前两位数字相同。同样，按列观察可得出相似的结论。由于计算机通常是按行输出的，因此，我们可以利用双重循环设计该程序：外循环控制行数，内循环控制列数。程序流程图如图 5-12 所示。

编程如下：

```c
#include <stdio.h>

void main（）
{
    int  i，j;

    for (i=1;i<=9;i++ )
    {
        for (j=1;j<=i;j++ )
            printf(" %d * %d = %2d\n"，j, i, i * j );
        printf( " \n " );
    }
}
```

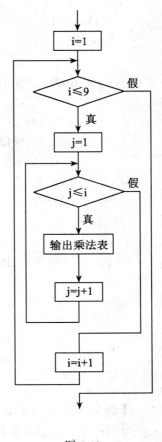

图 5-12

【例 5.18】求菲波拉契数列的前 20 项。菲波拉契数列的前两项为 1，1。从第三项开始，该项是前两项之和。

分析：菲波拉契数列的定义方式如下：

$X_1= 1;X_2 = 1;X_3 = X_1 + X_2;X_4 = X_2 + X_3;\cdots X_n= X_{n-2} + X_{n-1}$。

按上定义可得菲波拉契数列为：1，1，2，3，5，8，13，…。

为此，我们定义三个整型变量：X1，X2，X3。令 X1=1，X2=1，第三个数为 X3=X1+X2；再令 X1=X2，X2=X3，求出第四个数 X3 = X1 + X2。如此循环，即可求出菲波拉契数列各项的值。

编程如下：

```c
#include <stdio.h>

void main( )
{
    long int   x1，x2，x3;
```

```
        int  i;

        x1=x2=1;
        printf(" %12ld   %12ld ", x1, x2);

        for (i=3;i<=20;i++)
        {
            x3=x1+x2;
            printf(" %12ld ", x3);
            if (i%5==0) printf(" \n ");
            x1=x2;
            x2=x3;
        }
    }
```

程序运行过程和输出结果如下：

```
    1           1           2           3           5
    8          13          21          34          55
   89         144         233         377         610
  987        1597        2584        4181        6765
```

【例5.19】输出3~100中的所有素数。

分析：所谓素数就是只能够被1和自身整除的数。因此，对于数n，如果从2到n-1都不能被n整除，该数n为素数。判断一个数n是否为素数可以用一个循环控制，求3~100中的素数又用一个循环控制，所以，程序的结构是两层循环结构。

编程如下：
```
#include <stdio.h>

void main( )
{
    int n,i;

    for (n=3;n<=100;n=n+1)
    {
        for (i=2;i<=n-1;i=i+1)
            if (n%i==0)   break;
        if (i>=n)   printf("%d\t",n);
    }
}
```

【例 5.20】输出如图 5-13 所示的图形。

分析:图 5-13 为金字塔状图形，可将其分解成由 1-1-5(左边)和 1-4-1(右边)组成的两个直角三角形。而在 1-1-5 左上角有一个由空格组成的三角形。

编程如下：

```c
#include <stdio.h>

void main( )
{
    int i,j,k,s;
    for (i=1;i<=5;i++)
    {
        for (j=1;j<=5-i;j++)
            printf("   ");
        for (k=1;k<=2*i-1;k++)
        {
            if ( k < i)
                printf("%2d",k);
            else if (k==i)
                { s=k;   printf("%2d",s);}
            else
                printf("%2d", --s);
        }
        printf("\n");
    }
}
```

```
          1
        1 2 1
      1 2 3 2 1
    1 2 3 4 3 2 1
  1 2 3 4 5 4 3 2 1
```

图 5-13

5.6.2 循环在数值计算中的应用

1. 用二分法求方程的根

（1）功能

求任意实函数方程 f(x)=0 在区间[a,b]上的单重实根。

（2）算法简介

从 a 开始以一个基本步长 h 分隔，若某一步前后的函数值 y0 与 y1 的乘积小于零，则此小区间中必有一个实根。把这个有根的小区间记为[a,b]，计算 $y1=f\left(\dfrac{a+b}{2}\right)$ 与 y0 乘积，若乘积小于零，则能选出一个函数值异号的区间 $\left[a,\dfrac{a+b}{2}\right]$；若乘积大于零，则也能选出函数值异号区间 $\left[\dfrac{a+b}{2},b\right]$。重复上述二分法区间的过程，直到区间的长度小于给定的精度要求，则认为求得一个根。

【例5.21】 实例：已知 $f(x) = x^3 - 3x + 1$ 在区间[0,8]内有一个实根，请用二分法求根。
编程如下：

```c
#include <stdio.h>

void main( )
{
    float a, b, h, eps, y0,y1, c, len, root;   /*eps 表示根的精度，len 表示区间的长度*/

    a=0.0;  b=8.0;  h=0.1;  eps=0.00001;    //find interval
    y0=a*a*a-3*a-1;
    y1=(a+h)* (a+h)* (a+h)-3*(a+h)-1;

    while ( (y1<b) && (y0*y1>0) )
    {
        y0=y1;
        a=a+h;
        y1=a* a* a-3*a-1;
    }

    b=a;
    a=a-h;                                  //find interval
    c=(a+b)/2;
    len=h;                                  //account root

    while(len>eps)
    {
        y0=a* a* a-3*a-1;
        y1=b* b* b-3*b-1;
        if(y0*y1<0)
            b=c;
        else
            a=c;
        c=(a+b)/2;
        len=b-a;
    }

    root=a;
    printf("ROOT = %f\n",root);
}
```

程序运行过程和输出结果如下：

ROOT = 1.849994

2. 牛顿法求根

（1）功能

已知方程 f(x)=0 的近似解 x_k，用迭代法求出更精确的解。

牛顿法是一种迭代法，其原理是逐步线性化，即将非线性方程 f(x)=0 的求根问题归结为计算一系列线性方程的求根问题。

（2）算法简介

对于方程 f(x)=0，设已知它的近似根为 x_k，设 f(x) 有二阶连续导数，则函数 f(x) 在点 x_k 附近可用一阶泰勒多项式 p(x) = $f(x_k)$ + $f'(x_k)(x-x_k)$ 来近似，因此方程 f(x)=0 可用方程 p(x)=0 近似代替。后者是一个线性方程，它的求根是容易的，取 p(x)=0 的根作为 f(x)=0 的新的近似根，记为 x_{k+1}，则有：

$$x_{k+1} = x_k - \frac{f(x_k)}{f'(x_k)}$$

这就是著名的牛顿迭代公式，当 k=0，1，2，3，…时，则可以得到方程的近似根序列。

牛顿迭代法的终止条件可设为：若相邻两次迭代的差 $|x_{k+1}-x_k|<\varepsilon 1$ 且 $|f(x_k)|<\varepsilon 2$（只满足上述两条件之一也可），则终止计算，取 x_{k+1} 为所求的近似根。对于迭代次数也有限制，若迭代 N 次都不能满足以上条件，则认为迭代失败，其中 N 为迭代次数的最大值。

牛顿迭代法的收敛速度比较快，一般经过几次迭代就可以得到满意的解。

关于牛顿迭代公式的收敛性，对函数和初值的选取均有相应的要求，在此从略。

【例 5.22】实例：方程 f(x)=x-e^x+2=0，求方程的近似根，取初值 x_0=-1。

分析：方程的牛顿迭代格式为：

$$x_{k+1} = x_k - \frac{x_k - e^{x_k} + 2}{1 - e^{x_k}}, \qquad k = 0,1,2,\cdots \qquad (k \text{ 为迭代次数})$$

当 $|f(x_k)|<\varepsilon 2$(eps2) 且 $|x_{k+1}-x_k|<\varepsilon 1$(eps1) 时，停止迭代。

编程如下：

```
#include <stdio.h>
#include <math.h>
#define N 10

void main( )
{
    double   x0, x1,x2,eps1,eps2, y ; /*x0 为初值，x1 和 x2 分别为第 k 次和第 k+1 次迭代的根*/
    int i=0;

    x0=-1;
    eps1=0.0000001;
```

```
        eps2=0.0000001;
        x1=x0;

        for(i=1;i<=N;i++ )
        {
            y=x1-exp(x1)+2;
            printf("x%d = %lf , f(x%d)=%lf\n",i,x1,i,y);
            x2= x1-(x1-exp(x1)+2) / (1-exp(x1)) ;
            if((fabs(y)<eps2)&&(fabs(x2-x1)<eps1)  ) break;
            x1=x2;
        }
}
```

程序运行过程和输出结果如下：

x1 = -1.000000 , f(x1)=0.632121
x2 = -2.000000 , f(x2)=-0.135335
x3 = -1.843482 , f(x3)=-0.001748
x4 = -1.841406 , f(x4)=-0.000000
x5 = -1.841406 , f(x5)=-0.000000

本 章 小 结

循环结构是结构化程序设计中一种重要的基本结构，也是构造各种复杂程序的基本单元之一。C 语言中主要提供了 while 语句、do-while 语句、for 语句等来构成循环结构。循环程序的特点是当给定条件成立时，反复执行某程序段，直到条件不成立为止。给定的条件称为循环条件，反复执行的程序段称为循环体。进行循环结构程序设计时，关键是要确定循环的条件、控制循环的变量和循环体语句。

思 考 题

1. 语句 k=10; while (k=0) k--;中循环的执行次数是_____。
2. 在 C 语言里，_____循环语句的循环体至少被执行一次。
3. break 语句除了可以用于 switch 结构外，在_____结构中也可以使用 break 语句。
4. continue 语句的功能是结束_____循环。break 语句的作用是结束_____循环。
5. 以下程序的输出结果是_____。

```
#include <stdio.h>
void main( )
{
   int n=10;
   while (n>7)
     {n--;printf("%d ",n);}
```

}
6. 任意输入 N 个数,计算它们的和、积及和的平均值。
7. 用 1、2、3、4 四个数字组成互不相同且无重复数字的三位数,求出有多少个这样的三位数,并输出这些数。

第6章 数　　组

在前面已讨论了 C 语言中的一些基本数据类型，如整型、实型、字符型等数据，以及存放以上数据的简单变量。本章将讨论 C 语言中构造类型数据中的一种：数组。构造类型数据是由基本类型数据按一定规则组成的。在程序设计中，数组是一种普遍使用的数据结构，是数目固定、类型相同的数据的有序集合。数组中的每一个数(变量)称为数组元素，数组中的所有元素都有同一种数据类型。数组在内存中占有一段连续的存储空间。

C 语言中的数组有两个特点：一是数组元素的个数必须是确定的，二是数组元素的类型必须一致。

6.1 一维数组

6.1.1 一维数组的定义和存储

1. 一维数组的定义

一维数组是指带一个下标的数组，定义一维数组的一般形式为：

类型说明符　数组名[常量表达式]

其中：

类型说明符为 C 语言的关键字，它说明了数组的类型：如整型、实型、字符型等。

数组名是数组的名称，是一种标识符，其命名方式与变量名相同。

[ ]是下标运算符，其个数反映了数组的维数，一维数组只有一个下标运算符，下标运算符的优先级别很高，为 1 级，可以保证其与数组名紧密结合在一起。

常量表达式是由常量及符号常量组成的，其值必须是正整数，它指明了数组中数组元素的个数，即数组的长度。

例如：　int　　　array[10];
　　　　float　　f_array[100];

定义了两个一维数组：一个名为 array 的整型数组，它有 10 个数组元素；另一个名为 f_array 的实型数组，它有 100 个数组元素。

注意：数组在定义时只允许使用常量表达式来定义数组的大小，不允许使用变量。

例如：　#define　　X　　15
　　　　　int　b1[X], b2[2*X];

　　　　是正确的。

但下例是错误的：

　　　　　int　n=10;
　　　　　int　a[n];

2. 一维数组的存储

数组定义以后，编译系统将在内存中自动地分配一块连续的存储空间用于存放所有数组元素。C 语言中，数组名表示内存中的一个地址，是数组中所有元素（一片连续存储空间）的首地址，存储单元的多少由数组的类型和数组的大小决定。例如，整型数组 a 有 15 个元素，由于一个整型量在内存中占有 2 个字节的存储单元，因此，整型数组 a 在内存中连续占用 30 个字节的存储单元，如图 6-1 所示，图中设首地址为十六进制数 2000H。

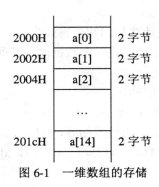

图 6-1　一维数组的存储

6.1.2　一维数组元素的引用

与变量一样，数组也必须先定义后使用。C 语言规定，不能一次引用整个数组，只能逐个引用数组元素，一个数组元素实质上就是一个同类型的普通变量。数组元素的引用方式为：

数组名[下标]

对数组元素进行引用时应注意下标的取值范围。C 语言规定下标的范围为：下界≤下标＜上界，且下界=0；上界=数组定义时常量表达式的取值。例如，若有数组定义为：int　a[100]；则该数组的下界为 0，上界为 100。在引用数组元素 a[0]，a[1]，a[2]，……，a[99]时均是合法、正确的，而 a[100]的引用是错误的，但系统不报告错误，这种引用不能保证得到正确的值。a[0]表示引用数组 a 的第一个元素，a[1]表示引用数组 a 的第二个元素，a[2]表示引用数组 a 的第三个元素，…，a[99]表示引用数组 a 的最后一个元素，即第 100 个元素。

在程序中，数组元素的引用常常会出现在赋值语句中，例如：

float　b[4]；
b[0]=1.0；
b[1]=7.6；
b[2]=b[0]+b[1]；
b[3]=b[0]-b[1]；

但对数组连续元素的引用通常是使用循环结构，数组与循环结构的配合使用是处理大量数据的最常用方法。例如：

int　i, a[100];
for (i=0；i<=99；i++)
　　scanf("%d"，&a[i]);
for (i=15；i<=24；i++)

```
printf("a[%d+5]=%d\n", i, a[i+5]);
```

以上程序段表示从键盘输入 100 个整数到数组 a 中，然后输出其中第 21~30 个数组元素的值。此处数组元素的引用，下标中使用的是表达式，允许使用变量。数组的定义与数组元素的引用形式上有相似之处，但下标的使用是不同的。

6.1.3 一维数组的初始化

所谓数组的初始化就是给数组元素赋初值。可以在定义数组的同时对数组元素进行初始化，其一般形式如下：

类型说明符 数组名[常量表达式]＝{初值表}

初值表为数组元素的初值数据，不止一个数据时，其间用逗号分开。一维数组可以用以下几种方式对数组元素进行初始化：

（1）对全部或部分数组元素赋初值。

例如： int x[8]={1，2，3，4，5，6，7，8}；

由于数组的长度与花括号中数据的个数相等，这样对数组中所有元素均赋初值，赋值后，数组元素的值分别为：x[0]=1，x[1]=2，x[2]=3，x[3]=4，x[4]=5，x[5]=6，x[6]=7，x[7]=8。

若有： int x[8]={1，2，3，4，5}；

由于数组的长度与花括号中数据的个数不等，花括号中的 5 个数据，只能对 x 数组的前 5 个元素赋初值，后 3 个元素的初值，系统将自动赋初值 0，结果为：x[0]=1，x[1]=2，x[2]=3，x[3]=4，x[4]=5，x[5]=0，x[6]=0，x[7]=0。

（2）对全部数组元素赋初值时，可以不指定数组的长度，系统将根据初值数据个数确定数组长度。

例如：int x[ ]={1，2，3，4，5}；

由于定义数组时省略了数组的长度，则依据花括号中数据的个数，系统自动定义数组的长度为 5，并自动给全部元素赋初值。

（3）对全部数组元素初始化为 0 时，可以写成：

int x[5]={0，0，0，0，0}；

或更简单地： int x[5]={0}；

注意：如果不对数组元素赋初值，系统不保证数组元素具有特定的值，但如果赋了哪怕仅一个数组元素的初值，则其余的数组元素会得到特定的值"0"。

6.1.4 一维数组元素的输入输出

最简单的一维数组元素取得值的方式是通过初始化或赋值语句来实现的，6.1.3 节已经给出了一些应用示例。

最常用的一维数组的输入输出则是通过使用 C 语言基本输入输出函数配合循环结构来进行的。例如有以下程序段，计算一组 10 个数值的和：

```
#include <stdio.h>
#define N 10

void main( )
{
```

```
        float score[N],sum=0.0;
        int i;

        printf("input 10 numbers :   ");

        for (i=0;i<N;i++)
        {
            scanf("%f",&score[i]);        // 通过键盘输入数值
            sum+= score[i];               // 每输入一个数，加到变量 sum 中
        }

        for (i=0;i< N;i++)                // 通过循环输出每一个数
        {
        printf("score[%d]=%6.2f   ", i, score[i]);
        }

            printf("\nsum=%f ", sum);     // 另起一行，输出累计值
}
```

程序运行过程和输出结果如下：（␣为空格键，↙为回车键）
input␣10␣numbers␣:␣1␣2␣3␣4␣5␣6␣7␣8␣9␣10↙
score[0]=␣␣1.00␣score[1]=␣␣2.00␣score[2]=␣␣3.00␣score[3]=␣␣4.00␣score[4]=␣␣5.00␣
score[5]=␣␣6.00␣score[6]=␣␣7.00␣score[7]=␣␣8.00␣score[8]=␣␣9.00␣score[9]=␣10.00␣
sum=55.000000

6.1.5 一维数组应用举例

【例 6.1】用选择法对任意 10 个数按由小到大方式进行排序。

选择法是最简单、直观的对数据进行排序的算法，其思路是：通过比较及交换，将符合要求的最小的数，放在前头，每轮确定一个数；以后，在剩下的数中，依次解决；n 个数需 n-1 轮方能排定最后的次序。

图 6-2 给出了对任意 6 个数进行排序的第一轮比较及交换的过程，图中共有 6 个数，第一次将第一个数 11 与第二个数 6 进行比较，11 比 6 大，两数交换位置；第二次将 6 与 10 进行比较，6 比 10 小，不用交换位置；第三次 6 与 7 进行比较……此轮共进行 5 次比较，能将最小数 2 排在最上面。然后对除 2 以外的余下的后 5 个数继续进行第二轮比较，得到次小数，排定位置……如此进行，每轮可以固定一个小数，共经过 5 轮比较及交换，使 6 个数按由小到大的顺序排列。在比较过程中第一轮经过了五次比较，第二轮经过了四次比较……第五轮经过了一次比较。如果需对 n 个数进行排序，则要进行 n-1 轮的比较，每轮分别要经过 n-1，n-2，n-3，…, 1 次比较就可使数据完全排序。图 6-3 为据此画出的流程图。

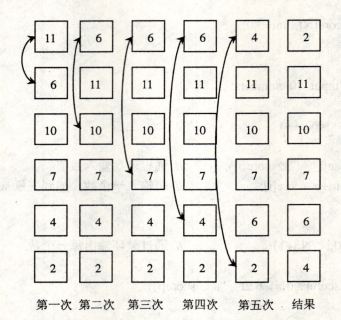

图 6-2 排序的第一轮比较及交换的过程

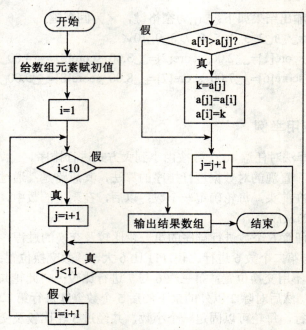

图 6-3 选择法排序流程图

编程如下：
#include <stdio.h>

void main( )

```
{
    int   a[11],i,j,k ;

    printf("请任意输入 10 个整数：\n");

    for (i=1;i<11;i++)
        scanf("%d",&a[i]);

    printf("\n");

    for (i=1;i<10;i++)                    // 对数组进行排序
    {
        for (j=i+1;j<11;j++)
            if (a[j]<a[i])
            {
                k=a[j];
                a[j]=a[i];
                a[i]=k;
            }
    }

    printf("按由小到大的顺序输出 10 个整数是：\n");

    for (i=1;i<11;i++)
        printf("%d, ",a[i]);

    printf("\n");
}
```
程序运行过程和输出结果如下：

请任意输入 10 个整数：

0␣1␣-6␣8␣4␣-10␣5␣9␣2␣3✓

按由小到大的顺序输出 10 个整数是：

-10,␣␣-6,␣␣0,␣␣1,␣␣2,␣␣3,␣␣4,␣␣5,␣␣8,␣␣9,␣␣

说明：在此程序中，共定义了 11 个数组元素，但下标为 0 的第一个元素并未使用，请注意数组的定义以及下标的使用。

【例 6.2】把一个整数依序插入已排序的数组，设数组已按从大到小顺序排序。

分析：设已排序的数有 10 个，放在数组 a 中，待插入的数存放在变量 x 中。欲将数 x 按顺序插入到数组 a 中，只需满足以下条件：a[i]＞x＞a[i+1]。

编程如下：

#include <stdio.h>

```
void main( )
{
    int   s,t,x,a[11];

    printf("给数组 a 由大到小赋值:\n");

    for (s=0;s<=9;s++)
        scanf("%d",&a[s]);

    printf("给插入的数 x 赋值:");
    scanf("%d",&x);

    for (s=0,t=10;s<=9;s++)
        if (x>a[s])
        {
            t=s;
            break;
        }

    for (s=10;s>t;s--)
        a[s]=a[s-1];

    a[t]=x;
    printf("输出:\n");

    for (s=0;s<=10;s++)
        printf("%d,",a[s]);

    printf("\n");
}
```

程序运行过程和输出结果如下:
给数组 a 由大到小赋值:
30 26 23 19 16 12 9 6 5 2↙
给插入的数 x 赋值:15↙
输出:
30, 26, 23, 19, 16, 15, 12, 9, 6, 5, 2,

【例 6.3】将两个有序的数组合并成一个有序数组。
编程如下:
#include <stdio.h>

```c
#define M   8
#define N   5

void main( )
{
    int a[M]={3,6,7,9,11,14,18,20};
    int b[N]={1,2,13,15,17},c[M+N];
    int i=0, j=0 , k=0;

    while(i<M && j<N)
        if(a[i]<b[j])
        {
            c[k] = a [i];
            i++; k++;
        }
        else
        {
            c[k] = b [j];
            j++; k++;
        }

    while(i<M)
    {
        c[k] = a [i];
        i++;
        k++;
    }

    while(j<N)
    {
        c[k] = b [j];
        j++;
        k++;
    }

    for(i=0;i<M+N;i++)
        printf("%d   ",c[i]);
}
```

程序输出结果如下：
1 2 3 6 7 9 11 13 14 15 17 18 20

【例6.4】设某班有30名学生，在期末考试后，需统计各分数段学生人数，编写程序完成此操作。

分析：定义一维数组由于存放学生期末考试成绩，依次遍历各数组元素，判断其属于哪一个分数段，并将对应分数段的计数器加1，最后输出统计结果。

编程如下：

```c
#include <stdio.h>
#define NUM 30                                  // 学生人数

void main( )
{
    float score[NUM]={0};                       // 用于存放学生成绩
    int n[5]={0};                               // 用于各分数段人数统计
    int i ;

    printf("请输入30名学生的成绩：\n");

    for(i=0;i<30;i++)
    {
        printf("请输入第%d个学生的成绩：", i+1);
        scanf("%f",&score[i]);
        while(score[i]>100||score[i]<0)         // 检验输入是否合法
        {
            printf("输入成绩应在0~100之间，请重新输入：\n");
            scanf("%f",&score[i]);
        }
    }

    for(i=0;i<30;i++)                           // 统计各分数段人数
        if (score[i]>=90) n[0]++;
        else if   (score[i]>=80) n[1]++;
        else if   (score[i]>=70) n[2]++;
        else if   (score[i]>=60) n[3]++;
        else n[4]++;

    printf("\n 统计结果如下：");                 // 输出统计结果
    printf("\n 分数在%d~%d之间的学生人数为%d 人",90,100, n[0]);
```

```
        for(i=1;i<4;i++)
            printf("\n 分数在%d~%d 之间的学生人数为%d 人",90-i*10,99-i*10,n[i]);

        printf("\n 有%d 人不及格",n[4]);
}
```
程序运行过程和输出结果如下：
请输入 30 名学生的成绩：
请输入第 1 个学生的成绩：82✓
请输入第 2 个学生的成绩：91✓
……
请输入第 30 个学生的成绩：79✓

统计结果如下：
分数在 90~100 之间的学生人数为 3 人
分数在 80~89 之间的学生人数为 12 人
分数在 70~79 之间的学生人数为 9 人
分数在 60~69 之间的学生人数为 4 人
有 2 人不及格

6.2　二维数组

6.2.1　二维数组的定义和存储

1．二维数组的定义

二维数组是指带两个下标的数组，在逻辑上可以将二维数组看成是一张具有行和列的表格或一个矩阵，下标 1 表示行，下标 2 表示列，它定义的一般形式为：

类型说明符　数组名[常量表达式 1][常量表达式 2]

式中各组成部分的作用同一维数组。

例如：　#define　M　3
　　　　#define　N　M+2
　　　　double　s[5][5]，u[M][N]；

表示定义了两个双精度实型数的二维数组，一个名为 s，数组元素的个数为 25（5 行 5 列）；另一个名为 u，数组元素的个数为 15（3 行 5 列）。

2．二维数组的存储

C 语言规定，在计算机中二维数组的元素是按行的顺序依次存放的，存储二维数组 a[3][4] 如图 6-4 所示，即在内存中，先顺序存放二维数组第一行的元素，再顺序存放二维数组第二行的元素，以此类推。

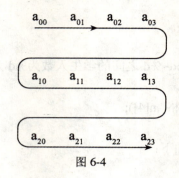

图 6-4

6.2.2 二维数组元素的引用

二维数组元素的引用与一维数组相似,也只能逐个被引用,其一般形式为:

数组名[下标1][下标2]

数组在引用时下标的范围,应满足如下条件:0≤下标1<常量表达式1,0≤下标2<常量表达式2。

例如:int x[5][6];

定义了一个整型的 5 行 6 列二维数组 x,它可以合法引用的所有数组元素共 30 个,如图 6-5 所示。

x[0][0]	x[0][1]	x[0][2]	x[0][3]	x[0][4]	x[0][5]
x[1][0]	x[1][1]	x[1][2]	x[1][3]	x[1][4]	x[1][5]
x[2][0]	x[2][1]	x[2][2]	x[2][3]	x[2][4]	x[2][5]
x[3][0]	x[3][1]	x[3][2]	x[3][3]	x[3][4]	x[3][5]
x[4][0]	x[4][1]	x[4][2]	x[4][3]	x[4][4]	x[4][5]

图 6-5

6.2.3 二维数组的初始化

由于二维数组的数据在内存中是按行依次存放的,因此二维数组的初始化也是按此顺序进行赋值的。其一般形式为:

类型说明符 数组名[常量表达式1][常量表达式2]={初值表}

二维数组可以用以下几种方式进行初始化:

(1)对二维数组的全部元素赋初值。

例如:int   x[2][4]={{1,2,3,4},{6,7,8,9}};

在初始化格式的一对花括号内,初值表中每行数据另用一对花括号括住,此方式一目了然,通过赋值,在二维数组 x 中,各元素的初始化值为:

x[0][0]=1,x[0][1]=2,x[0][2]=3,x[0][3]=4,

x[1][0]=6,x[1][1]=7,x[1][2]=8,x[1][3]=9

又如:int   u[2][4]={1,2,3,4,5,6,7,8};

此方式表示从 u 数组首地址开始依次存放数据，通过赋值，在二维数组 u 中，各元素的初始化值为：

u [0][0]=1，u [0][1]=2，u [0][2]=3，u [0][3]=4，
u [1][0]=5，u [1][1]=6，u [1][2]=7，u [1][3]=8

（2）对二维数组的部分元素赋初值。

例如：int　x[3][5]= {{1}, {6, 7}, { }};
　　　int　u[3][5]= {1, 6, 7};

同样为 3 行 5 列有 15 个数组元素的二维数组，在数组 x 中元素的赋初值结果：x[0][0]=1，x[1][0]=6，x[1][1]=7，其余元素均为 0，作为行标志的花括号在此所起的作用是明显的；而在数组 u 中的结果为：u [0][0]=1，u [0][1]=6，u [0][2]=7，其余元素均赋初值 0。

（3）给二维数组的全部元素赋初值，也可以不指定第一维的长度，但第二维的长度不能省略。

例如：int　x[ ][5]= {{1, 2, 3, 4, 5}, {6, 7, 8, 9, 10}, {11, 12, 13, 14, 15}};
　　　int　x[ ][5]= {1, 2, 3, 4, 5, 6, 7, 8, 9, 10, 11, 12, 13, 14, 15};

它们都表示定义了一个 3 行 5 列的二维数组 x，且每一数组元素的取值在上例两种方式中结果是相同的。

6.2.4　二维数组的输入输出

二维数组与一维数组一样，其数组元素的取值可以通过初始化方式得到，除此之外，使用赋值语句也可以赋予或改变数组元素的值。但最常用、最灵活的二维数组的输入输出还是通过使用 C 语言基本输入输出函数配合循环结构来进行的。

【例 6.5】计算一个 5×5 的整数矩阵两条对角线上的数值之和。

编程如下：

```
#include <stdio.h>
#define N 5

void main（）
{
    int   i, j, matrix[N][N], sum=0,n=N;

    for (i=0;i<N;i++)                          // 逐行输入数值
    {
        printf("line %d： ",i);                // 提示输入数值的行号
        for (j=0;j<N;j++)                      // 逐列输入数值
        {
            scanf("%d",&matrix[i][j]);         // 调用输入函数，输入数值
            if(i==j)   sum+=matrix[i][j];      // 加一条对角线上的数
            if(i+j==N-1)   sum+=matrix[i][j];  // 加另一条对角线上的数
        }
    }
```

```
        for (i=0;i<N;i++)                    // 通过循环输出数组中的每一个数
        {
            for (j=0;j<N;j++)
            {
                printf("matrix[%d][%d]=%d  ", i,j, matrix[i][j]);
                if(j==4) printf("\n");
            }
        }

        if(n%2) sum-=matrix[(N-1)/2][(N-1)/2];   // N 为奇数时，调整累计值
        printf("sum=%d\n", sum);                 // 最后输出累计值
}
```
程序运行过程和输出结果如下：
line 0 : ␣1 ␣2 ␣3 ␣4 ␣5✓
line 1 : ␣6 ␣7 ␣8 ␣9 ␣10✓
line 2 : ␣11 ␣12 ␣13 ␣14 ␣15✓
line 3 : ␣16 ␣17 ␣18 ␣19 ␣20✓
line 4 : ␣21 ␣22 ␣23 ␣24 ␣25✓
matrix[0][0]=1␣matrix[0][1]=2␣matrix[0][2]=3␣matrix[0][3]=4␣matrix[0][4]=5␣
matrix[1][0]=6␣matrix[1][1]=7␣matrix[1][2]=8␣matrix[1][3]=9␣matrix[1][4]=10␣
matrix[2][0]=11␣matrix[2][1]=12␣matrix[2][2]=13␣matrix[2][3]=14␣matrix[2][4]=15␣
matrix[3][0]=16␣matrix[3][1]=17␣matrix[3][2]=18␣matrix[3][3]=19␣matrix[3][4]=20␣
matrix[4][0]=21␣matrix[4][1]=22␣matrix[4][2]=23␣matrix[4][3]=24␣matrix[4][4]=25␣
sum=117

6.2.5 二维数组应用举例

【例 6.6】将一个二维数组的行和列元素互换，存到另一个二维数组中。

$$a = \begin{vmatrix} 1 & 2 & 3 & 4 \\ 5 & 6 & 7 & 8 \\ 9 & 10 & 11 & 12 \end{vmatrix} \quad b = \begin{vmatrix} 1 & 5 & 9 \\ 2 & 6 & 10 \\ 3 & 7 & 11 \\ 4 & 8 & 12 \end{vmatrix}$$

分析：二维数组的行列互换，就是求它的转置行列式。

如：a 数组是一个 3 行 4 列的矩阵，通过行、列互换，得到的 b 数组应为 4 行 3 列。两个数组的元素对应关系为：a[i][j]=b[j][i]。

编程如下：
```
#include <stdio.h>
```

```
void main()
{
    int   a[3][4] = {{1,2,3,4},{5,6,7,8},{9,10,11,12}};
    int   b[4][3],m,n;

    printf("输出转置前的数组：\n");

    for( m=0;m<3;m++ )
    {
        for(n = 0;n<4;n ++ )
        {
            printf("%5d",a[m][n]);    // 输出 a 数组内容
            b[n][m]=a[m][n];          // 行列互换
        }
        printf("\n");
    }

    printf("输出转置后的数组：\n");

    for( m=0;m<4;m++ )
    {
        for(n=0;n<3;n++)
            printf("%5d",b[m][n]);    // 输出 b 数组内容
        printf("\n");
    }
}
```
程序输出结果如下：
输出转置前的数组：
　　　1　　　2　　　3　　　4
　　　5　　　6　　　7　　　8
　　　9　　10　　11　　12
输出转置后的数组：
　　　1　　　5　　　9
　　　2　　　6　　10
　　　3　　　7　　11
　　　4　　　8　　12

【例 6.7】有一个 3×4 的矩阵，试求该矩阵中具有最大值的元素，输出其值并指出该元素所在的行号和列号。

分析：求矩阵中具有最大值的元素，和求一列数中最大数的方法一样。首先设矩阵的第一个元素为最大值，分别与矩阵中的其他数进行比较，从而找出最大数，并记下此时的行号

和列号。

编程如下：
```c
#include <stdio.h>

void main（）
{
    int   a[3][4],i,j,row,col,max;

    row = col = 0;
    printf("给数组赋值：\n");

    for (i=0;i<3;i++)
        for (j=0;j<4;j++)
            scanf("%d",&a[i][j]);

    max = a[0][0];              // 将 a[0][0]设定为最大数

    for (i = 0;i < 3;i ++ )              // 寻找最大数
        for (j = 0;j < 4;j ++ )
            if( a[i][j] >max )
            {
                max = a[i][j];
                row = i ;
                col = j ;
            }

    printf("max = %d,row = %d,col = %d\n",max,row,col);        // 输出
}
```

程序运行过程和输出结果如下：
给数组赋值：
1␣2␣3␣9␣7␣12␣6␣11␣4␣10␣5␣8✓
max = 12,␣row = 1,␣col =1

【例 6.8】幸运方阵问题：所谓"幸运方阵"问题是这样的，任意指定一个阶数，例如3，再任意选定一个"幸运数"，例如 100，要求生成一个 3 阶方阵。从方阵中任意划去一行与一列，记下交叉点的数值；再从方阵剩余部分划去一行与一列，再记下交叉点数值；继续这一过程，当方阵已不剩任何元素时，所有记下的元素值之和恰好为 100。下面的方阵即为所需结果（结果不唯一）。

第6章 数 组

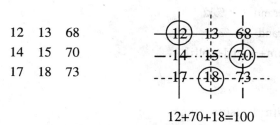

分析：表面上看，方阵元素之间似乎没有什么规律性联系。但实际上，按规定的划法所有记下的交叉点元素两两均异行异列，而且这些元素的全体恰好涉及全部行与列。注意，实际上给定一个阶数 n 与一个幸运数，可以有无数多个解。如果不希望出现负数，幸运数相对于 n 不应过小。

在下面的程序中用二维整数数组表示方阵，两个一维数组 row、col 分别存放行、列"名"，为了使方阵元素看上去无规律，方阵中除最后一个列名外其余行、列名均用随机数，最后一个列名由减法得到。不同的随机数范围会影响结果中负数的出现情况。

编程如下：

```c
#include <stdio.h>
#include <math.h>
#define SIZE 10

void main ()
{
    int square[SIZE][SIZE],row[SIZE],col[SIZE],n,num,k,sum,i,j;

    printf("\n 请输入幸运方阵的阶数：\n");
    scanf("%d", &n);
    printf("请输入一个幸运数字：\n");
    scanf("%d", &num);
    srand(rand () %5);
    k=num/n;

    if(k==0)
    {
        printf("\n 你输入的幸运数字太小了，请重新输入：\n");
        scanf("%d", &num);
    }

    sum=0;

    for (i=0;i<n;i++)
    {
```

```
            row[i]=rand（）%k;
            col[i]=rand（）%k;
            sum=sum+row[i]+col[i];
        }
        col[n-1]=col[n-1]-(sum-num);
    printf("\n");

    for(i=0;i<n;i++)
    {
        for (j=0;j<n;j++)
        {
            square[i][j]=row[i]+col[j];
            printf("%5d", square[i][j]);
        }
        printf("\n");
    }
}
```

程序运行过程和输出结果如下：
请输入幸运方阵的阶数：
3↙
请输入一个幸运数字：
100↙
 28 9 19
 51 32 42
 49 30 40
注：本题运行结果不唯一。

本 章 小 结

  数组是程序设计中最常用的数据结构。数组是由一定数目、类型相同的数据组成的有序集合。数组可分为数值数组(整数组，实数组)，字符数组、指针数组、结构体数组等。数组可以是一维的、二维的或多维的。
  数组名中存放的是一个地址常量，它代表整个数组的首地址。数组要先定义后使用。C语言中不允许动态定义数组，在定义时就要指定其元素类型和数组大小，要特别注意C语言数组的下标取值范围是从 0~n-1（n 为数组大小）。
  同一数组中的所有元素，按其下标的顺序占用一段连续的存储单元。一个数组元素，实质上就是一个变量，它具有和相同类型单个变量一样的属性，可以对它进行赋值和参与各种运算。对数组的赋值可以用数组初始化赋值、输入函数动态赋值和赋值语句赋值三种方法实现。对数值数组不能用赋值语句整体赋值、输入或输出，而必须用循环语句逐个对数组元素进行操作。

二维数组的数组元素在内存中的排列顺序为"按行存放",即先顺序存放第一行的元素,再存放第二行,以此类推。可以把二维数组看做是一种特殊的一维数组:它的元素又是一个一维数组。对基本数据类型的变量所能进行的操作,也都适合于相同数据类型的二维数组元素。

思 考 题

1. 将 Fibonacci 数列前 20 项中的偶数找出来,存放到一维数组中。
2. 将一个一维数组中的数按逆序重新存放并输出。
3. 有 30 个数已按降序排列,分别使用顺序法和折半法找出指定的数值,并计算各用了多少步数值比较就找到该数。
4. 一个 5×5 整数矩阵,对应该矩阵打印一个图形,元素值为正时打印"1",为负时打印"0",为零时打印"*"。
5. 有一个 3×4 二维整型数组,求该数组中所有正数之和。
6. 有一个 4×4 二维整型数组,将数组中各元素的值按从大到小的顺序排列并重新输出。

第7章 函　　数

函数是C语言中的基本构件，也是结构化程序设计思想的重要组成部分。本章主要介绍C语言程序的模块化结构，函数的定义，函数间的数据传递和函数的返回值，数组作为函数参数和函数调用等基本知识。此外，对变量的作用域和生存期以及内部函数和外部函数进行讨论。

7.1 函数概述

在通常意义下，函数是指自变量与应变量之间的一种对应变化过程。对于自变量在其取值范围内的每一个取值，依照确定的函数关系，应变量均可以得到相应的函数值。这一概念通常应用于数学领域。

对于计算机高级语言，函数一般采用"子程序"的方法加以实现。自变量的取值通过由参数给出，函数子程序依其确定的函数关系求得并返回应变量的值，即函数的返回值。在C语言程序设计中，函数子程序是一种专门用来处理函数对象的程序模块。

除上述通常意义下的函数关系外，在程序编写过程中经常会遇到需要反复处理的过程。为了使整个程序结构简洁、清晰、合理，一般将反复使用的程序段抽取出来组成一个子程序，这种子程序作为一个程序模块，在需要的时候可供其他函数调用。子程序的使用，使得程序结构清晰，便于编写、阅读、运行、调试和修改。

无论是函数子程序模块或是过程子程序模块，在C语言中采用单一标准，统一视为函数。对不存在自变量、应变量对应关系的，或无需传送参数、没有返回值的过程模块，也按统一的函数格式来处理。

C语言程序由一系列程序模块构成。主程序模块决定程序的运行始点（而不管它是被放在程序中的什么地方），一个程序必须有且仅有一个运行始点。为了区别于其他程序模块，C语言将主程序模块使用一个专门的名称"main"以示标识。C语言将所有的程序模块均视为函数，主程序模块也不例外，因此通常把主程序模块称为"主函数"。

由于在C语言中引入了函数（即程序模块）的概念，因此在C程序中总是利用此概念将一个大的问题分解成若干个独立的、相对较小的部分，对每一独立的部分使用一个程序模块单独处理，这样可以将大的问题化小。而具体到每一独立的部分（程序模块），又可以采用上述同样的思想进一步进行分解。如此细分下去，直至每一个程序模块均是功能确定、简单可行时，就可进行程序的编写。此种方法即为自顶向下的程序设计方法，与此对应的程序结构称为模块化的程序结构。

采取这种方式，只要任务（模块）的切分合理，函数的名字取得合适，接口、参数、注释等说明清楚，不管在哪一层面上对其要完成的任务均应是明了、清晰的，原因在于对细节问题的处理都隐藏在各层的函数中去了。程序模块化的结构体现出结构化程序设计的特点，使得程序的组织、编写、阅读、调试、修改、维护更加方便。对函数如运用合理，会使程序的重入、再使用变得很方便。而重入、再使用模块的增加，使C语言函数库进一步扩大，用C语言编程会更方便。这也是C语言得到广泛使用的特点之一。

一般来说，一个C程序是由一个主函数和若干个其他的函数构成的。程序运行时从main主函数开始，根据需要，main函数调用其他函数，其他函数也可以互相调用，直至最后，由main 主函数结束整个程序的运行。

下面给出一个简单的函数调用的例子。

【例7.1】输入两个整数，输出其中较大的数。

编程如下：

```c
#include <stdio.h>

int max(int a,int b)            //定义max函数
{
    if(a>b)          //使用return语句把结果返回主调函数
        return a;
    else
        return b;
}

void main( )                    //main主函数
{
    int x,y,z;
    printf("input two numbers:");
    scanf("%d%d",&x,&y);
    z=max(x,y);                 //调用max函数计算x和y中的较大值
    printf("maxmum=%d\n ",z);
}
```

程序运行结果如下：
input two numbers:28 53✓
maxmum=53

7.2 函数的分类与定义

7.2.1 函数的分类

在C语言中可以从不同的角度对函数进行分类。

（1）从用户定义的角度，C语言函数可分为库函数和用户自定义函数：
- 库函数

C语言提供了丰富的库函数，这些函数包括常用的输入输出函数，如printf、scanf函数；常用的数学函数，如sin、cos、sqrt函数；有处理字符和字符串的函数，如strcmp、strcpy、strl函数；等等。由于库函数是C语言系统提供的，用户在使用库函数时无需定义，也不必在程序中作类型说明，只需在程序前包含有该函数原型的头文件即可（如：#include <stdio.h>），在程序中直接调用。

● 用户自定义函数

由用户按需要编写的函数。因为C语言库函数中不可能包含所有用户需求的各类函数功能。为了完成特定功能，用户必须自己编写函数。按C语言规则在程序中定义的用户自己编写的函数，称为用户自定义函数。程序中在调用用户自定义函数时，必须对被调用函数进行说明。

（2）从函数间数据传送的角度，C语言函数可分为有参函数和无参函数：

● 有参函数

在函数定义、函数说明和函数调用时都需要有参数的函数。在函数定义和函数说明时的参数称为形式参数（简称形参），在函数调用时的参数称为实际参数（简称实参）。在函数调用过程中主调函数把实际参数值传送给被调函数的形式参数，供被调函数使用。

● 无参函数

在函数定义、函数说明和函数调用时不带参数的函数。在函数调用过程中主调函数和被调函数之间不进行数据传送。这类函数通常用做无返回值的过程模块使用。

（3）在C语言中，函数兼并了其他语言中的函数子程序和过程子程序两种功能，从这个角度出发，C语言函数可分为有返回值函数和无返回值函数：

● 有返回值函数

当函数调用结束后，被调用函数向调用函数返回一个函数值，该被调用函数称为有返回值函数。用户在定义有返回值函数时，对函数返回值的类型要有明确说明。

● 无返回值函数

当函数调用结束后，被调用函数不会向调用函数返回函数值，该被调用函数称为无返回值函数。用户在定义无返回值函数时，可指定函数返回值的类型为"空类型"。

（4）从函数能否被其他源文件调用，C语言函数可分为内部函数和外部函数：

● 内部函数

一个函数如果只能被所在源文件中的函数调用，而不能被其他文件中的函数调用，则该函数称为内部函数。标明一个函数为内部函数的方法是在其函数名和函数类型符前使用关键字"static"。

● 外部函数

如果一个函数既可以被所在源文件中的函数调用，也能被其他文件中的函数调用，则该函数称为外部函数。标明一个函数为外部函数的方法是在其函数名和函数类型符前使用关键字"extern"。但在C语言中函数的本质是全局的，即隐含为外部特性，因此关键字"extern"可以省略。

7.2.2　函数的定义

C语言函数定义的一般形式为：

函数类型　函数名（形参表列）

```
    {
        说明部分
        语句部分
    }
```
说明:

(1) 函数类型是指函数返回值的类型。如果函数返回值为 int 类型,则可以省略不写。即默认函数返回值的类型为 int 类型。如果函数无返回值,则必须把函数定义为 void 类型。

(2) 函数名和形参是用户命名的标识符。在同一程序中,函数名必须唯一;形参名只要在同一函数中唯一即可,可以与其他函数中的变量同名。形参前应有相应的类型标识符对形参进行说明,当有多个参数时用逗号分开。

(3) 如果定义的函数是无参函数,函数名后的一对圆括号也不能省略。

(4) 花括号内是函数体,通常由说明部分和语句部分组成,它决定了函数要实现的功能和任务。函数体可以为空,但一对花括号不能省略。函数体为空的函数表明它什么也不做。在程序开发时虚设空函数也是有意义的。

(5) 函数不能嵌套定义,即不能在函数内部再定义函数。

下面给出定义两个简单函数的例子:

【例 7.2】在输出设备上显示"Welcome to Wuhan University!"字样。

函数定义如下:

```
#include<stdio.h>

void main ( )
{
    printf("Welcome to Wuhan University !\n");
}
```

此例执行结果,是在显示屏上显示字符串:

Welcome to Wuhan University !

这是一个很简单的 C 语言程序,仅由一个 main( )函数构成。

【例 7.3】定义一个将华氏温度换算成摄氏温度的函数。

华氏温度与摄氏温度换算公式为: C=(5/9)×(F-32)

函数定义如下:

```
float ftoc(float temperature)          // 定义函数 ftoc,形参为 temperature
{
    float c;                           //说明变量 c 为实型
    c=(5./9.)*(temperature-32);        //换算成摄氏温度,赋值给 c
    return  c;                         //把结果返回主调函数
}
```

这是一个有传递参数(华氏温度,实型形式参数)、有函数返回值(摄氏温度,实型量)的用户自定义函数的函数定义例子。

7.3 函数调用

7.3.1 函数调用的一般形式

不同的函数实现各自的功能，完成各自的任务。要将它们组织起来，按一定顺序执行，是通过函数调用来实现的。主调函数通过函数调用向被调函数进行数据传送、控制转移；被调函数在完成自己的任务后，又会将结果数据回传给主调函数并交回控制权。各函数之间就是这样在不同时间、不同情况下实行有序的调用，共同来完成程序规定的任务。

函数调用的一般形式为：

  函数名（实参表列）

如果调用的是无参函数，实参表列为空，但一对圆括号不能省略，这与函数定义是一致的。另外，实参的个数、出现的顺序及类型应与被调函数定义中的形参表列一致，实参将与形参一一对应进行数据传送。实参表列包括多个实参时，各参数间也是用逗号隔开。

简单函数调用的例子可参见例 7.1。

在编写程序和进行函数调用时，应当注意以下几点：

（1）C 语言参数传递时，主调函数中实参向被调函数中形参的数据传送一般采用传值方式，把各个实参值分别顺序对应传给形参。被调函数执行中形参值的变化不会影响主调函数中实参变量的值。但数组名作为参数传送时不同，是"传址"，会对主调函数中的数组元素产生影响。

（2）由于采用传值方式，实参表列中参数允许为常量和表达式。尤其值得注意的是，对实参表达式求值，C 语言并没有规定求值的顺序。采用自右至左或自左至右求值顺序的系统均有。许多 C 版本是采用自右至左的顺序求值的。遇此情形，为保证函数调用能得到正确的执行结果，编写程序时应尽量采用其他可行的办法，加以避免为好。

（3）注意采用函数原型对被调函数参数类型的说明。如不作说明，C 语言无法进行实参类型的检查与转换。稍有疏忽，实参个数、类型与形参个数、类型不符将引起参数传送出错，导致运算结果的大相径庭。

（4）函数调用也是一种表达式，其值就是函数的返回值。

【例 7.4】求 n 的(n-1)次幂与(n-1)的 n 次幂的值。

编程如下：

```
#include <stdio.h>

long int power(int x, int y);            //函数原型

void main（）
{
    int n;
    long int l,m;
    printf("input integer : ");
    scanf("%d",&n);                      //输入正整数 n
    l=power(n,--n);                      //求 n 的 n-1 次幂，n 中的值已为 n-1
```

```
        printf("the %dth power of %d = %ld\n",n,++n,l);
        m=power(--n,++n);              //求 n-1 的 n 次幂，n 中的值已为 n
        printf("the %dth power of %d = %ld\n",n,--n,m);
    }

    long int power(int x, int y)       //求 x 的 y 次幂的函数定义
    {
        long int p;
        if (y>0)
            for (p=1;y>0;--y) p=p*x;
        else
            p=1;                       //零次幂，值为 1
        return p;
    }
```

此例是实参表达式求值顺序为自左至右时的应用。当用户输入正整数 4，第一次调用 power 函数时，求值结果为 power(4,3)，此时，实参变量 n 的值由于表达式求值关系已变成 n-1(即 3)了。所以在打印"4 的 3 次幂为 64"结果时要用参数 n,++n。执行 printf( )后，n 中值为 4，所以第二次调用 power 函数时，使用参数--n, ++n 以达到表达式求值结果为 power(3,4) 的效果。但如果实参表达式求值顺序正好相反，为自右至左时，仍然这样用，结果会全然不同。第一次调用 power 函数，通过表达式求值，实际得 power(3,3)，实参变量 n 中值为 3，加上 printf 函数中表达式的求值顺序，打印出来将是"4 的 4 次幂为 27"。由于 n 中此时值为 4，第二次调用 power 函数时，实际为 power(4,5)。为了避免此类因实参表达式求值顺序不同而可能发生的错误，可将主函数改为：

```
    void main ( )
    {
        int n，j;
        long int l,m;

        printf("input integer : ");
        scanf("%d",&n);                //输入正整数 n
        j=n-1;
        l=power(n,j);                  //求 n 的 n-1 次幂
        printf("the %dth power of %d = %ld\n", j,n,l);
        m= power(j, n);                //求 n-1 的 n 次幂
        printf("the %dth power of %d = %ld\n", n,j,m);
    }
```

调整主函数后的程序运行结果如下：
input integer : 4↙
the 3th power of 4 = 64
the 4th power of 3 = 81

7.3.2 函数的参数

根据前面的说明,C 语言中的函数除了通常意义上的函数处理外,还担负了子程序处理的角色,所以它的作用是非常广泛和重要的。又由于模块化的程序结构,函数间的调用是非常频繁的。本节,主要讨论在调用函数时,被调函数和主调函数间是怎样规定与实现所需数据的传送的,参数的传送涉及形参与实参。

形参是形式参数的简称,形参是指 7.2.2 节函数定义一般形式中形式参数表列中的参数。在函数定义时,形参表列中的参数并没有具体的给定值,仅具有可以接受实际参数的意义。处理时,也不会立即为其分配存储单元。只有在函数被调用、启动后,才临时为其分配存储空间,并接受主调函数传送来的数据,实现函数定义所规定的功能。在函数调用结束后,形参所占存储单元也将会被释放。

实参是实际参数的简称,在主调函数调用被调函数时给出。通常情况下,实参与形参的类型应该匹配。由实参将数据通过堆栈传送给形参,实参与形参不共用存储空间,所以,C 语言中,参数数据传送依据的是实参向形参单方向的"值传送",也称"传值"。形参接受数据后,不管在被调函数中作怎样的处理,其结果均不可能反过来影响主调函数中实参变量的值。实参与形参的类型不匹配会产生错误。

【例 7.5】求给定范围内的素数个数。
编程如下:

```c
#include <stdio.h>
#include <math.h>

num_of_primes(int x, int y);            //函数原型

void main()
{
    int a,b,c;

    printf("input two integers : ");
    scanf("%d%d",&a,&b);                //输入给定范围(a,b)值
    c= num_of_primes(a,b);              //调用 num_of_primes 函数
    printf("num_of_primes =%d\n",c);    //输出 c 中的素数个数
}

num_of_primes(int x, int y)             //求给定范围内的素数个数
{
    int i,j,k,n=0;

    if (y<x) {k=x; x=y; y=k; }  //形参 x,y 值的改变,不影响主调函数实参 a,b 的值
    if (x<3) { n=1; x=2; }      //1 不作为素数,2 作为素数
    if (x%2 == 0) x++;          //偶数不是素数,x 为偶数,则 x=x+1
```

```
        for (i=x; i<=y; i=i+2)
        {
            k=sqrt(i);              //求出判素数循环的终值
            for(j=2; j<=k; j++)
                if(i%j == 0) break;     //不是素数,跳出 for 循环
            if (j>k) n++;               //是素数,计数加 1
        }

        return n;
}
```

程序运行结果如下:
input␣two␣integers␣:␣15␣2↵
num␣of␣primes␣=␣6

注意:

① 实参也可以是常量或表达式,如有以下函数调用: num_of_primes(4,1000)、num_of_primes(5,x*y)等,同样是正确的。

② 实参与形参不共用存储单元,即使同名,形参值的改变也不会影响主调函数实参变量的值。

③ 实参与形参的类型应该匹配,由实参将数据传送给形参。例 7.5 中的使用是正确的。如在 main()中改为 float a,b,c; 实参与形参的类型不相同,则会产生错误。

7.3.3 函数的返回值

被调函数在完成一定的功能和任务之后,可以将函数处理的结果返回主调函数,这种数据传送称为函数的返回值。函数的返回值通常采用在函数体中用 return 语句显式给出。return 语句的一般形式为:

        return [( ) 表达式 [ )];

其中的表达式可以用一对圆括号括起来,也可以省去。程序执行至遇到任一 return 语句,表示被调函数的终止。return 后面给出的可以是常量、变量、表达式以及有返回值的函数调用,其值作为函数值返回给主调函数。例 7.5 中 num_of_primes( )函数中的 return n;语句表示将 n 中数值作为函数的返回值。如果函数体中无 return 语句或是虽有但未遇上,则程序将执行至被调函数中的最后一条语句方能结束。此时,由于无显式返回语句确切指明返回值,返回值将由函数执行序列决定,系统仍会返回一个值提供给主调函数,但结果将是很不确定的,使用起来会非常危险。在编写被调用函数时一定要注意避免这种情况的发生。

例如,将例 7.1 中 max 函数的返回语句稍作如下改动:

```
int max(int a, int b)
{
    return (a>b? a : b);    //把结果返回主调函数
}
```

这样用表达式传送返回值的方式也是允许的,能达到与例 7.1 中 max 函数同样的效果。

【例 7.6】 将例 7.3 定义的华氏温度与摄氏温度换算的函数稍加变化，予以使用。
编程如下：

```
#include <stdio.h>

ftoc(float temperature);              //函数原型

void main（）
{
    int c;
    float f;

    printf("input : F= ");
    scanf("%f",&f);                   //输入华氏温度值
    c=ftoc(f);
    printf("the temperature is %dC. \n",c);   //输出转换后的摄氏温度
}

ftoc(float temperature)               //定义 ftoc 函数，temperature 为实型形参
{
    float c;                          //说明变量 c 为实型

    c=(5./9.)*( temperature-32);      //换算成摄氏温度，赋值给变量 c
    return   c;                       //把结果返回主调函数
}
```

程序运行结果如下：
input : F= 100↙
the temperature is 37C.

　　由于函数定义时未给出返回值的类型，故默认函数类型为整型，返回值应与函数类型一致，但本例不一致：返回值为实型。此时，系统将在返回结果值时，按函数类型要求的数据类型（此例为整型）进行转换，然后提供给主调函数，这样就产生了误差（结果应为 37.777°C，但得到的数值为 37）。另外，此例主函数中变量 c 为整型，ftoc（）函数中变量 c 为实型，这是两个不同的变量，其作用域不同，在 C 语言中是允许的，不会产生错误。

　　为避免在利用函数返回值时可能产生的错误，对于不需提供返回值的函数可以直接标示，用 void 作为函数类型定义，表明此函数返回值为"无类型"或"空类型"。作了这样的定义，如错误地在程序中将此类函数作带返回值函数使用时，编译时系统会发现并给出错误提示，便于更正错误。为减少出错机会，对于凡不要求带返回值的函数，一般应明确标示为"viod"类型，这应成为程序员编写程序的良好习惯之一。

7.3.4 对被调用函数的说明

　　由于 C 语言运行时的灵活性，C 语言在函数运行时并不对传送的参数类型进行检查。我

们在 7.3.2 节中已强调过实参与形参类型不符可能引起运行结果的错误。为了避免此类错误的产生，对被调用函数的说明，标准 C 语言做了改进，引入了函数原型的概念。

函数原型的使用是对函数的声明，其作用是把函数名、函数类型以及形参的个数、顺序、类型等通知编译系统。这样当函数被调用时，可对实参、形参的类型、个数等匹配情况进行检查。

函数原型的一般形式为：

　　　　函数类型　函数名（参数类型 1，参数类型 2，……参数类型 n）；

或：

　　　　函数类型　函数名（类型 参数 1，类型 参数 2，……类型 参数 n）；

当然，如果被调函数的定义出现在主调函数之前，就可不用函数原型对其加以说明，因为此时编译系统已拥有对其调用时作正确性检查的足够信息了。

虽然 C 语言对函数定义放在何处没有严格规定，但由于 C 语言采取自顶向下的程序设计方法，所以上层函数放在前面，主函数放在最前面，一般较为自然，对程序的阅读、理解也有帮助。此时，用函数原型对下层函数进行声明，是必要的。前面例 7.4、例 7.5、例 7.6 就已经使用了函数原型来对下层函数进行声明。

7.3.5　数组作为函数参数

由于实参可以是变量、常量及表达式，因此，数组元素自然也可以作为函数的实参，在主调函数与被调函数间来传送数据。它们也遵从"传值"，即单向从实参向形参传送数据的特性。

另外，由于引进了数组这种数据结构，如果仅仅容许数组元素作为实参来传送数据，在很多情况下，会感到使用起来不方便，有时甚至会感到非常困难。为了实现将整个数组作为传送参数，C 语言规定数组名也可以作为实参和形参，在主调函数与被调函数间进行整个数组的传送。

由于数组名表示的是地址，用数组名作函数参数传送整个数组时，实参与形参都应该用数组名（或用指针变量，详见第 8 章），这样数据类型才匹配。

用数组名作函数参数时，应该注意如下几个方面：

（1）数组名作为函数参数，应该在主调函数与被调函数中分别定义数组，不能只在一方定义。

（2）实参数组和形参数组类型应该一致，不一致，将导致出错。

（3）实参数组和形参数组大小不要求一致，因为传送时只是将实参数组的首地址传给形参数组。因此，一维形参数组也可以不指定大小，在定义数组时，在数组名后跟一个空的方括弧。被调函数涉及对数组元素的处理，可另设一个参数来指明数组元素的个数。

（4）数组名作为函数参数，传送整个数组数据，不是用实参数组与形参数组元素间的"传值"方式，而是用把实参数组的首地址传给形参数组的"传址"方式。形参组不会被分配内存空间，而是与实参数组共用一段内存空间，在"传址"方式下，由于共用一段内存空间，形参数组中各元素值的变化直接影响到实参数组元素值的变化。这一点与前面各节中关于变量或数组元素作为函数参数时的情况是完全不同的，务必引起特别注意。

（5）多维数组名也可以作为实参和形参，使用时，也应该在主调函数与被调函数中分别定义数组，数组类型也应该一致，才不致出错。另外，在被调函数中对形参组定义时，至多也只能省略第一维的大小说明。这是因为多维数组数组元素的存放是按连续地址存放的，不给出各维的长度说明，将无法判定数组元素的存储地址。也不能只指定第一维，不指定第二维以后的大小（因实参、形参数组可以大小不一致）。

下面给出一个以数组名为传送参数的例子。

【例7.7】 对一个已排序的字符串数组进行反向排序。

编程如下：

```c
#include <stdio.h>
#include <string.h>

void sort_string(char str[],int n)   //一维数组作为函数参数
{
    char ch;
    int i,j;

    n=n-1;
    j=n/2;

    for(i=0;i<j;i++)     //进行字符串的反向排序
    {                    //形参数组元素的变化会影响实参数组元素的变化
        ch= str[i];
        str[i]= str[n];
        str[n]=ch;
        n=n-1;
    }
}

void main()
{
    char string[30]="ABCDEFGHIJKLMNOPQRSTUVWXYZ";
    int i=26;

    sort_string(string,i);          //以下输出显示经过反向排序的结果
    puts(string);
}
```

程序运行结果如下：

ZYXWVUTSRQPONMLKJIHGFEDCBA

此例数组名作为函数参数，传送整个数组数据，是把实参数组 string 的首地址传给形参数组 str 的"传址"方式。形参数组 str 没有分配内存空间，而是与实参数组 string 共用一段内存空间，由于共用一段内存空间，形参数组 str 中各元素值的变化（进行了反向排序），影响了实参数组元素值的变化，显示出"传址"函数调用可能带来的副作用。

7.4 函数的嵌套调用和递归调用

7.4.1 函数的嵌套调用

在一个函数调用过程中又调用另一个函数称函数的嵌套调用。C 语言中，由于函数的定义是独立的，各函数均处于平行的关系。理论上，任何一个函数都可调用其他的函数，甚至调用它本身。main 函数为例外已强调过多次。

由于结构化程序的特点，一个大的问题往往会被逐步分解为不同层次的许多函数，每个函数完成一定的功能。因此，对函数的嵌套调用将不可避免，并大量存在。原则上，C 语言对函数的嵌套调用深度并未刻意加以限制。

下面的程序例子由用户输入两同心圆的半径值 r、r1，以求得此两同心圆组成的圆环的面积。

【例 7.8】求圆环的面积。

编程如下：

```
#include <stdio.h>

void main（）
{
    double r,r1,s;
    double area_ring (double  x,double y);    //函数原型，求圆环面积

    printf("input two doubles : ");
    scanf("%lf%lf",&r,&r1);                   //输入两同心圆的值 r、r1
    s= area_ring (r,r1);                      //调用 area_ring 函数，求圆环的面积
    printf("area_ring =%lf",s);               //输出求得的圆环面积
}

double area_ring(double   x,double y)         //函数定义，求圆环面积
{
    double a,b,c;
    double area(double r);                    //函数原型，求圆面积

    a=area(x);                                //求半径为 x 的圆面积
    b=area(y);                                //求半径为 y 的圆面积
    c=a-b;                                    //两圆面积差即为圆环面积
    if (c<0.) c=-c;                           //圆环面积应为大圆面积减去小圆面积

    return   c;
}
```

```
        double area(double r)              //函数定义,求圆面积
        {
                double pai,ar;
                double pi(int n);           //函数原型,求π的近似值

                pai=pi(10000);              // 求π的值,精确到小数点后 4~5 位
                ar=pai*r*r;

                return  ar;
        }

        double pi(int n)                    //函数定义,求π的近似值
        //此为利用公式:π≈(1-1/3+1/5-1/7+…)×4 计算π的近似值的函数
        {
                int i;
                double sign=1.0,sum=0,item=1.0;

                for(i=1;i<=n;i++)
                {
                        sum=sum+item;           //计算π的近似值
                        sign= -sign;            //修正公式中每一项的符号
                        item=sign/(2*i+1);      //修正公式中每一项的值
                }

                return (sum*4);
        }
```
程序运行结果如下:
input␣two␣doubles␣:␣3␣5✓
area_ring␣=␣50.263882
关于程序执行的几点说明:

(1) 程序总是从主函数开始执行,主函数通过调用库函数 printf( )、scanf( ),得到用户从键盘输入的两个半径值 r、r1,然后再通过调用自定义函数 area_ring( ),得到圆环的面积,最后通过调用库函数 printf( )输出圆环的面积。

(2) 函数 area_ring( )计算圆环的面积,通过形参 x、y 接受主函数传来的 r、r1 值,然后两次通过调用函数 area( )来分别计算两个圆的面积,再将得到的两个圆的面积相减,得到圆环的面积,返回给主函数。

(3) 函数 area( )被调用执行时,通过形参 r 接受 area_ring( )函数传来的半径值, 通过调用自定义函数 pi( ),得到π的近似值,再通过圆面积计算公式算得圆面积,返回给 area_ring( )函数。

(4) 函数 pi( ) 被调用执行时,通过形参 n 接受 area( )函数传来的求π的近似值的精度

参数,并据此计算出 π 的近似值,返回给 area ( )函数。

(5)在此例中主函数作为第一层函数,库函数 printf( )、scanf( )以及自定义函数 area_ring ( )是第二层函数,它们依次被主函数调用,属于平行关系。自定义函数 area ( )则属于第三层函数,它被函数 area_ring ( )调用,它启动执行时,主函数及 area_ring ( )函数都还未执行结束。而自定义函数 pi ( ) 则属于第四层函数,它被函数 area ( )调用,它启动执行时,主函数、area_ring ( )函数及 area ( ) 函数都还未执行结束。

此例为函数的三层嵌套调用。

7.4.2 函数的递归调用

数学函数中有一些是采用递推形式定义的,例如求一个数 n 的阶乘,以及求一个数 x 的 n 次方:

$$n! = \begin{cases} 1 \\ n*(n-1)! \end{cases} \quad 当 \quad \begin{matrix} n=1 \\ n>1 \end{matrix} \qquad x^n = \begin{cases} 1 \\ x*x^{n-1} \end{cases} \quad 当 \quad \begin{matrix} n=0 \\ n>0 \end{matrix}$$

从以上定义可以看出:在求解 n 的阶乘中使用了(n-1)的阶乘,也即要算出 n!,必须先要知道(n-1)!,而要知道(n-1)!,又必须知道(n-2)!,依次类推,直至 1!=1。只有求得 1!=1,再以此为基础,返回来计算 2!,3!,…(n-1)!,n!,才能得到最终欲求得的 n!值。

解决此类递归(自定义)函数的求值问题,所使用的函数子程序必须要能调用自身。此种能直接或间接调用自身的子程序在 C 语言中是允许的,称为递归函数,又称自调用函数。对其进行调用,称为递归调用,递归调用自然属于嵌套调用。递归调用必须在满足一定条件时结束递归调用,否则无限制地递归调用将导致程序无法结束(死循环)。允许函数的递归调用也是 C 语言的特点之一。

【例 7.9】求 n 的阶乘。
编程如下:
#include <stdio.h>

long int fac(unsigned int n);   //函数原型

void main ( )
{
    int n;
    long int sum;

    printf ("input a unsigned interger : ");
    scanf ("%d",&n);   //输入整数 n
    sum=fac(n);
    printf ("%d!= %ld\n",n,sum);
}

long int fac(unsigned int n)   //函数定义

{
    long int f;

    if (n==1)
        f=1;
    else
        f=fac(n-1)*n;

    return (f);
}

程序运行结果如下：
input␣a␣unsigned␣interger␣:␣5↙
5!=␣120

递归函数的结构十分简练，构造递归函数的关键是找到适当的递归算法和终结条件，因为递归的过程不能无限制地进行下去，必须要有一个结束此过程的条件。在上例求 n!的过程中，1!=1 就是这样的结束递归过程的条件。由于此例可以用循环结构加以实现，并不是递归函数的有说服力的例子。

递归函数最典型的例子是 Hanoi 塔问题，它能较好地显示出函数递归调用的作用：

【例 7.10】汉诺（Hanoi）塔问题是一个古老的数学问题：在一个塔座（设为塔 1）上有若干片盘片，盘片大小各不相等，按大盘在下、小盘在上的顺序叠放，现要将其移放至另一个塔座（设为塔 2）上去。问：仅依靠一个附加的塔座（设为塔 3），在每次只允许搬动一片盘片，且在整个移动过程中始终保持每座塔座上的盘片均为大盘在下、小盘在上的叠放方式，能做到么？如何移法？

对此问题，一个老和尚想：对于数量不等的盘子（设为 n 片），只要能将除最下面最大的一片盘子外，其余的盘片（n-1 片）移至塔 3 座上，剩下一片就可直接移至塔 2 上。其余的（n-1 片）盘片既能从塔 1 移至塔 3，自然也可照理从塔 3 移至塔 2，问题就解决了。每次使用同样的办法解决最下面最大一片盘子的移动问题，一次次搬下去，直至剩下最后一片盘子，直接搬到塔 2 上去就可以了。

老和尚的想法是成立的，也确实是解决此问题的办法。这就是典型的递归问题，递归的结束条件是只剩下一片盘子时，可直接移至目的座（塔 2）上。

下面是解决汉诺塔的程序，程序能打印出盘片移动过程中的每一搬动步骤，塔座 1、2、3 分别用字符'1'、'2'、'3'表示。

"→"表示搬动塔座最上面的一片盘片。

编程如下：
#include <stdio.h>

void hanoi ta(int n,char ta1,char ta2,char ta3);   //函数原型

void main()
{

```
    int n;

    printf("input the number of diskes : ");
    scanf("%d",&n);                          //输入盘片数
    hanoi_ta (n,'1','2','3');
    printf("\n");
}

void hanoi_ta(int n, char ta1, char ta2, char ta3)
{
    if (n==1)
        printf("%c→%c  ", ta1, ta2);     //一片盘时,直接移动
    else
    {
        hanoi_ta (n-1, ta1, ta3, ta2);        //n-1 片盘由 ta1 座移至 ta3 座
        printf ("%c→%c  ", ta1, ta2);    //最下面最大一片盘,直接移动
        hanoi_ta (n-1, ta3, ta2, ta1);        //n-1 片盘由 ta3 座移至 ta2 座
    }
}
```
程序运行结果如下:
input_the_number_of_diskes_:_4↙
1→3 1→2 3→2 1→3 2→1 2→3 1→3 1→2 3→2 1→2 1→3 2→1 3→1 2→3

要实现函数的递归调用,首先要分析问题是否可以采用递归形式来定义,数学函数中有不少是采用递归形式定义的,有了清晰的定义,就可以很容易地编写递归函数。使用递归函数,程序结构会变得非常简单、明了。

但是,值得指出的是,使用递归函数,最大的缺点是效率太低,递归调用要占用计算机大量的时间和空间。因此,除非不得已,可以不用递归函数解决问题的应尽量避免使用递归函数。

7.5 变量的作用域和生存期

7.5.1 变量的作用域

C 语言中,对变量的使用是有一定要求的,其中比较突出的一点,就是"先定义,后使用"。这样要求,可达到下列目的:

(1)保证了程序中变量名的正确使用,如不作定义,不会被视为变量名。
(2)经过定义的变量,在程序中使用时,可得到为其正确分配的存储单元。
(3)变量有了确定的类型,利于在编译时,对其参入的运算是否合法作相应的检查。

另一方面,C 语言对变量定义的要求也比较自由,允许在不同的地方进行,不像有些高级语言加以诸多的限制。但在不同地方定义的变量,其作用的范围是不一样的。这正是此小

节要讨论的主要内容：变量的作用域。

1. 局部变量

在一个函数内部定义的变量称局部变量。通常，这些变量的定义是放在函数体的前部，即是 7.2.2 节函数定义中的"说明部分"。它们的作用域仅限于函数内，即在定义它们的函数内才能有效地使用。

以例 7.8 为例来说明：

（1）主函数 main( )中定义的变量，如实型变量 r、r1、s 等，其作用域仅限于主函数内，其他所有被调函数不能使用。

（2）不同函数中定义的变量，如 area_ring 函数中的 a,b,c; area 函数中的 pai,ar; pi 函数中的 i 等，其作用范围都限制在各自的函数内，在内存中占据的单元也各不相同。即使使用同样的变量名也不会互相干扰、互相影响。

（3）形参也是局部变量，如 area_ring 函数中的 x,y; area 函数中的 r; pi 函数中的 n 等，其作用范围也仅限于其所在的函数内。

另外，函数体内"语句部分"中定义的变量，其作用域甚至不能是整个函数。随其定义的情况，可能是部分函数（自其定义的地方至函数尾）或其所在语句（复合语句）。

2. 全局变量

在函数外定义的变量称外部变量，也即全局变量。全局变量的作用范围一般来讲比局部变量的作用范围要广。由于程序编译的单位为一个源程序文件，全局变量的作用域是从其定义的地方开始直至源程序文件的结束。通常全局变量是集中放在源程序文件中各函数的前面，这样，其作用范围将覆盖源程序文件中的各个函数。

【例 7.11】设有一个数组，存放某单位全部 20 名职工的年龄信息。要求写一个函数，能对其进行处理，得到平均年龄以及年轻人（<30 岁）、中年人（30~50 岁）、老年人（>50 岁）等各年龄段的人数。

由于一个函数只有一个返回值，而此例要求得到 4 个结果值。这可以利用全局变量来实现。

编程如下：

```
#include <stdio.h>

int Young=0,Middle=0,Old=0;              //定义全局变量 Young，Middle 和 Old

float average(int array[],int n)
{
    int i;
    float aver,sum=0;

    for(i=0;i<n;i++)                     //统计各种人的人数
    {
        if(array[i]>50) Old=Old+1;
        else if(array[i]>=30) Middle=Middle+1;
        else Young=Young+1;
```

```
        sum=sum+ array[i];            //所有人的年龄总和
    }

        aver=sum/n;                   //平均年龄

        return   aver;
}
void main()
{
    float av;
    int i,j,age[20];

    for (i=0;i<4;i++)                 //按每行 5 个人的年龄输入数据
        for(j=0;j<5;j++)
        {
            scanf("%d",&age[i*5+j]);
        }
        av=average(age,20);
        printf("Young=%d\nMiddle=%d\nOld=%d\n",Young,Middle,Old);
        printf("average=%f\n",av);    //输出统计结果
}
```
程序运行结果如下：
 19_28_37_46_55
 22_33_44_56_67
 25_36_47_58_20
 18_27_36_45_60
Young=7
Middle=8
Old=5
average=38.950001

使用全局变量的优点为：
（1）增加了各函数间数据传送的渠道。特别是函数返回值通常仅限于一个，这在很多场合不能满足使用要求。此时利用全局变量，可以得到更多的处理结果数据。
（2）利用全局变量可以减少函数实参与形参的个数。其带来的好处是减少函数调用时分配的内存空间以及数据传送所必需的传送时间。

当然，全局变量的使用也同时带来一些不利的因素：
（1）全局变量的作用范围大，为此必然要付出的代价是其占用存储单元时间长。它在程序的全部执行过程都占据着存储单元，不像局部变量仅在函数被调用、启动后，在一个函数的执行过程中临时占用存储单元。

（2）函数过多使用外部变量，降低了函数使用的通用性。通过外部变量传送数据也增加了函数间的相互影响，函数的独立性、封闭性、可移植性大大降低，出错的几率增大。

由于弊大于利，因此，在可以不使用全局变量的情况下应避免使用全局变量。

在上面关于局部变量的说明中已指出过，在不同的函数间使用相同的变量名，不会产生问题。这是因为它们的作用域各不相同，不会互相干扰、互相影响。但在全局变量中使用与局部变量同名的变量名时，情况则起了变化，这是因为全局变量作用域与同名的局部变量的作用域产生了重合、冲突的情形。那么，还是否允许全局变量与局部变量同名呢？C语言当然不会在这方面加以限制，它是允许全局变量与局部变量同名的。解决冲突的办法是，在同名全局变量与局部变量的作用域重合时，全局变量让位于局部变量。即它自动放弃这一重合的作用域，在此范围内，它将无法起作用，也即被屏蔽了。程序员在编程时应注意此种规定，不要在不经意间，因使用同名的全局变量与局部变量而产生错误。

为了便于区别全局变量与局部变量，也为了尽量不使全局变量与局部变量同名，增加产生错误的几率。很多C语言程序的编写人员，采用了将变量名的第一字符大写来表示全局变量以区别于局部变量通常为小写字符的方法。值得大家在实际工作中借鉴与仿效。

7.5.2 变量的存储类别

前已述及，变量在使用前要对其进行类型说明（即定义）。其实，对一个变量的定义，需要给出其两方面的属性：数据类型及存储类别。在第2章中已详细讨论过数据类型定义，它涉及变量的名称、类型、取值范围以及变量在内存中占据存储单元的大小。现在，将讨论变量的另一个属性：存储类别，它涉及变量存在的时间长短，作用范围的大小以及在硬件中存放它们的地点、区域等。C语言中，变量的存储类别大致分为四种：自动类、静态类、寄存器类和外部类。

加上变量的存储类别，变量定义的一般形式应为：

存储类别　数据类型　变量名

之所以要讨论变量的存储类别，是由于在程序执行过程中，程序和数据，尤其是数据在内存中存放的区域是有一定规定的。这种规定是为了更好地利用存储空间，提高程序执行效率的。供用户使用的存储空间大致分为三个不同的部分：程序区、静态存储区以及运行栈区（也称动态存储区）。其中：

程序区：存放程序的可执行代码模块。

静态存储区：存放所有的全局变量以及标明为静态类的局部变量部分。

运行栈区：存放的数据又分为以下几种：

（1）函数调用时，顺序动态存放主调函数执行过程中的现场（各类寄存器、程序计数器、状态寄存器等的内容以及返回地址等），此类数据存放也称现场保护。

（2）所有未标明为静态类的局部变量。

（3）函数的形式参数。

存放在运行栈区的数据均采用动态存储分配方法。即在函数调用时临时指定存储空间，函数结束时又逐一加以释放，腾出所占内存空间，以供后面函数调用时再分配使用。

下面就C语言允许的变量存储类别进行简单的介绍。

1. 自动变量

自动变量用关键字 auto 表示，函数中的局部变量（用关键字 static 特别标明的静态局部变量除外）即属此类。函数形参为局部变量，自然也属此类。此类变量存放在运行栈区，是动态分配存储空间的。由于程序中大部分变量是自动变量，C语言规定 auto 通常在局部变量的定义中也可以省去不写。也就是说，没有给出存储类别的局部变量一律隐含定义为"自动存储类别"，即为自动变量。前面所举例子中局部变量大多没有给出 auto 存储类别即遵循了此一规定。

2. 静态变量

静态变量用关键字 static 表示。所有全局变量以及用关键字 static 特别标明的静态局部变量属于此类。此类变量存放在静态存储区。一旦为其分配了存储单元，则在整个程序执行期间，它们将固定地占有分配给它们的存储单元。同样，由于所有全局变量都是静态类的，C语言规定，static 通常在全局变量的定义中也可以省去不写。用 static 表示的全局变量仅能为本源程序文件中各函数使用，不能为本文件外其他源程序文件中的函数所使用，是 static 的另一种使用。至于静态的局部变量，则不能省去 static 关于存储类别定义的关键字。因为不标明 static 的局部变量隐含定义是自动变量，而不是静态变量。

为什么要使用有别于自动变量的静态局部变量？如何正确使用静态局部变量？前面已讲过，自动变量的值在函数调用结束后，不会保留。下一次调用时，不能使用其已有值。但有时又确实希望函数中的某些局部变量在函数调用结束后能加以保留，在下一次调用时继续使用。这时，当然可以通过将其定义为全局变量来实现，但这样做，虽然解决了保留其值，以后再次调用时使用的问题，但使用全局变量必然也会带来一些不利的副作用（见 7.3.1 节）。为了既能在函数调用结束后保留部分局部变量的值，同时又保证此类变量的专用性，别的函数不能使用、影响它们。就可以使用静态局部变量。

为了正确使用静态局部变量，必须掌握它们的如下特点：

（1）静态局部变量属于静态存储类别，是在静态存储区分配存储单元。整个程序运行期间都能固定占有分配给它们的存储单元，故能在每次函数调用结束后保留其值。

（2）静态局部变量与全局变量一样，均只在编译时赋初值一次。以后每次函数调用时不会重新赋初值而是使用上次函数调用结束时保留下来的值。

（3）静态局部变量定义时不给出所赋初值，系统编译时会自动给其赋初值，对数值型变量，将赋值 0，对字符型变量，则赋值空字符。

（4）静态局部变量仅能为定义它们的函数所使用，其他函数不能使用、影响它们。

【例 7.12】用静态局部变量改写例 7.8 中求 π 的近似值的函数，以保证返回的 π 的近似值在满足主调函数的要求时，尽量节省求值的时间。

求 π 的近似值的公式：$\pi \approx (1-1/3+1/5-1/7+1/9-\cdots)\times 4$

函数定义如下：

```
double pi(int n)              //n 为自然数
{
    static int i;             //定义静态局部变量
    static double sign=1.0,sum=0,item=1.0;        //定义静态局部变量

    if (i<=n)                 //判断已得到的 π 的近似值精度够不够
        for(;i<=n;i++)        //精度不够，进一步求 π 的近似值
        {
```

```
        sum=sum+item;
        sign= -sign;
        item=sign/(2*i+1);
    }

    return (sum*4)
}
```

3. 寄存器变量

寄存器变量用关键字 register 表示。

计算机 CPU 内部都包含着若干通用寄存器，通用寄存器的作用是存放参加运算的操作数据以及部分运算后的中间结果。由于硬件的原因，CPU 使用寄存器中的数据速度要远远快于使用内存中的数据速度。因此，应用好 CPU 内的寄存器将可以大大提高程序的运行速度、运行效率。C 语言允许某些变量的存储类别为寄存器类，就是为了充分利用 CPU 内的通用寄存器，提高程序运行的效率。由于 CPU 中通用寄存器的数量有限，所以，通常是把使用频繁的变量定义为寄存器变量。定义为寄存器变量的变量将在可能的情况下，在程序执行时，分配存放于 CPU 的通用寄存器中。

各种计算机硬件上的差异会比较大，通用寄存器的数目、使用方式也各不相同。所以，对 C 语言中寄存器变量的处理方式也不尽相同。下面给出使用寄存器变量必须注意的一般性注意事项：

①通用寄存器的长度一般与机器的字长相同，所以数据类型为 float、long 以及 double 的变量，通常不能定义为寄存器类别。只有 int、short 和 char 类型的变量才准许定义为寄存器变量类别。

②寄存器变量的作用域和生命周期与自动变量是一样的。故只有自动类局部变量可以作为寄存器变量。寄存器变量的分配方式也是动态分配的。

③任何计算机内通用寄存器的数目都是有限的。故不可能不受限制地定义寄存器变量。超过可用寄存器数目的寄存器变量，一般是按自动变量进行处理。另外，有些计算机系统对 C 语言定义的寄存器变量，处理时并不真正分配给其寄存器，而是当做一般的自动变量来对待，在运行栈区为其分配存储单元；也有些能进行优化的编译系统，能自动识别使用频繁的变量，在有可使用寄存器的情况下，自动为它们分配寄存器，而不需程序员来指定，此时有无 register 定义变量已不太重要；加上现在计算机发展较快，一般程序使用寄存器变量节省时间有限，故用不用 register 定义变量已无明显作用。

【例 7.13】用寄存器变量改写例 7.8 中求 π 的近似值的函数，由于为得到一定精度的 π 的近似值所要进行的循环计算次数较多，故可将循环所涉及的变量定义为寄存器变量。

函数定义如下：
```
double pi(int n)           //n 为自然数
{
    register int i=1;      //定义寄存器变量
    double sign=1.0,sum=0,item=1.0;

    for(i=1;i<=n;i++)
```

```
        {
            sum=sum+item;
            sign= -sign;
            item=sign/(2*i+1);
        }

        return (sum*4)
}
```

4. 外部变量

外部变量用关键字 extern 表示。外部变量是存放在静态存储区的，外部变量指在函数之外定义的变量，外部变量（即全局变量）的作用范围通常为从变量的定义处开始，直到本程序文件的结尾处。在 7.5.1 节中已详细讨论过有关它的作用范围的各种问题。

对于在同一源程序文件内，使用在前，定义在后的外部变量。可以在使用前用 extern 对定义在后的外部变量加以说明，然后照用不误。只要是在定义之前使用，在每一使用函数中均要用 extern 对要使用的变量加以说明。此时对变量所加的 extern 并不是对变量的定义，只是使用外部变量前对系统的一个交待。为了避免过多使用 extern 说明外部变量的不便，可采用将外部变量的定义放在所有使用它的函数前面的方法，这也是广大程序员通常采用的方法。

较大型的 C 程序往往由多于一个源程序文件组成。散布在各个源程序文件中的不同函数有可能需要面对、处理一些共用的数据。如果分别在不同源程序文件中定义同名的外部变量，根据 C 语言的规定，在程序连接时会产生"重复定义"的错误，并不能达到共用的目的。此时，C 语言规定，共用的外部变量可在任一源程序文件中定义一次，其他要使用同一外部变量的源文件中用 extern 对其进行外部变量说明后，即可使用。

7.6 内部函数和外部函数

函数与外部变量的使用有些类似，其本质应该是全局的。只要定义一次，就应该可以被别的函数调用。较大型的 C 程序往往由多于一个源程序文件组成，在一个文件中定义的函数，能否被其他文件中的函数调用，决定了其是外部函数还是内部函数。如果一个 C 程序全都放在一个源程序文件内，其函数不存在内部函数和外部函数之分。

7.6.1 内部函数

如果一个函数只能被所在文件内的函数调用，而不能被其他文件内的函数所调用，则称为内部函数。标明一个函数为内部函数的方法是在其函数名和函数类型的前面使用关键字 static，即：

    static 类型标识符 函数名（形参表）

内部函数也称静态函数。类似于静态变量，内部函数不能被其他文件中的函数使用。因此，不同文件中允许使用相同名字的内部函数，这种使用不会互相干扰。这是内部函数有别于外部函数很重要的一个特点。

7.6.2 外部函数

外部函数用关键字 extern 来表示。由于函数的本质是全局的，所以如不加关键字 extern，在 C 语言中是隐含其为外部函数的，这也是为什么前面所举例子中很少看到前面冠以关键字 extern 的原因。

类似于外部变量，外部函数在所有使用它的源文件中也只能定义一次，要在其他文件中调用该函数，需用 extern 加函数原型予以说明。

当然，同样由于函数本质上是全局的原因，在使用函数原型对在其他源文件中定义的外部函数说明时，也可省略关键字 extern。

7.7 综合应用举例（一）

十进制与其他进制（二至九进制）数间的相互转换，程序能够自动帮助用户纠正输入错误。

功能：由用户输入一个数，并选择该数应该转换成几进制数，将结果输出，如果用户输入过程中出现错误，程序会提示出错。

分析：用户输入的数，分为十进制数和非十进制数。

如果是十进制数，用辗转相除法计算，即除 N 取余，一直除到商为 0 为止，将除得的结果按逆序输出。

如果是非十进制数，则按权展开，得到十进制数。

编程如下：

```c
#include <stdio.h>

void oth_to_ten(void);              //其他进制转换为十进制
void ten_to_oth(void);              //十进制转换为其他进制
long change(int a[],int len,int n );  //把输入的字符转换为数字

void main()
{
    int flag;

    while(flag!=0)
    {
        clrscr();
        printf("\n1:ten_to_oth &");
        printf(" 2:oth_to_ten &");
        printf(" 0:exit");
        printf("\nEnter a number:");
        scanf("%d",&flag);
        switch(flag)
```

```
            {
                case 1 : ten_to_oth(); break;       //其他进制转换为十进制
                case 2 : oth_to_ten(); break;       //十进制转换为其他进制
            }
        }
}

void ten_to_oth()                                   //十进制转换为其他进制
{
    int sum, n, j, i=0;
    int arr[80];

    printf("Please input a Dec_num: ");             //请输入十进制数
    scanf("%d", &sum);
    printf("Please input the base:   ");            //请输入想要转换的进制
    scanf("%d", &n);

    do
    {
        i++;
        arr[i]=sum%n;                               //从下标 1 开始计数
        sum=sum/n;
        if(i >= 80) printf("overflow\n");
    }while(sum != 0);

    printf("The result is:\t");
    for(j=i; j>0; j--)                              //逆序输出该数
        printf("%d",arr[j]);

    printf("\n");
}


void oth_to_ten()                                   //其他进制转换为十进制
{
    int base,i,num,arr[80];
    long sum=0;
    char ch;

    printf("Please input the base you want to change:");
```

```c
        //想将几进制数转换成十进制数,请输入
        scanf("%d",&base);
        printf("Please input   number:");        //请输入该数
        scanf("%d",&num);

        for(i=1;num!=0;i++)
        {
            arr[i]=num%10;                       //从下标 1 开始计数
            num=num/10;
        }

        sum=change(arr,i-1,base);
        printf("The result is: %ld\n",sum);
}

long change(int a[],int len,int b )
//把输入的字符数字转换成十进制数字
{
        long num=0;
        int i,k=1;

        for(i=1; i<=len; i++)
        {
            num = num + a[i]*k;
            k = k * b;                            //k 表示权值
        }

        return num;
}
```

运行结果为:

1:ten_to_oth & 2:oth_to_ten & 0:exit
Enter a number:1.
Please input a Dec_num: 255 .
Please input the base: 2 .
The result is: 11111111
1:ten_to_oth & 2:oth_to_ten & 0:exit
Enter a number:2 .
Please input the base you want to change:8 .
Please input   number:100 .
The result is: 64

1:ten_to_oth & 2:oth_to_ten & 0:exit
Enter a number:0 .

本 章 小 结

本章主要介绍了 C 语言程序的模块化结构，程序的模块化结构体现了结构化程序设计的特点，使得程序的组织、编写、阅读、调试、修改、维护更加方便。在 C 语言中，程序模块主要体现为函数模块。当程序中定义了一个函数之后，要体现函数的功能，必须实现函数调用。在函数调用过程中参数的传递方式有两种：传值调用和传址调用。C 语言允许函数的嵌套调用和递归调用，但不允许嵌套定义。

变量的作用域是变量在程序中可使用的范围，分为局部变量和全局变量。变量的存储类别是指变量在内存中的存储方式，分为静态存储和动态存储。此外，本章也简要介绍了内部函数和外部函数，只能被本文件调用的函数称为内部函数，既可被本文件调用也可被其他文件调用的函数称为外部函数。

思 考 题

1．结构化程序设计的特点有哪些？
2．在定义函数时应该注意哪些问题？
3．在函数调用过程中，参数的传递方式有哪几种？
4．什么是局部变量和全局变量？
5．什么是静态类变量和动态类变量？

第8章 指　　针

C语言处理指针的能力和灵活性，是C语言区别于其他程序设计语言的重要特点之一。使用指针可以有效地表示复杂的数据结构，灵活方便地实现机器语言所能完成的功能，而且可以使编写的程序清晰、简洁并可以生成紧凑、高效的代码。指针可以作为函数间传递的参数，也可以作为函数的返回类型，它为函数间各类数据的传递提供了简捷便利的方法。指针可用于动态分配存储空间，可更简单有效地处理数组。C语言之所以成为优秀的系统程序设计语言，在很大程度上应归功于指针的成功应用。

本章介绍指针的概念，指针变量的定义及引用方式，指针变量的运算，利用指针变量构成复杂的数据类型以及指针变量的典型应用等。

8.1 指针和指针变量的概念

8.1.1 地址和指针

计算机的内存是由连续的存储单元组成的，每个存储单元都有唯一确定的编号，这个编号就是"地址"。如果程序中定义了一个变量，编译系统在编译程序时，会根据变量的类型给这个变量分配一定长度并且连续的存储单元。例如：

　　int　　i=1;
　　char　　ch='A';
　　float　　f=2.5;

经编译后它们在内存中的存放示意情况如图8-1所示。

图中，右边是变量的名称；中间是变量的值，也就是内存单元的内容；而左边是内存单元的编号，也就是内存单元的地址。内存单元地址和内存单元内容就好比一座旅馆中房间的编号和住在房间中的旅客，如果要拜访房间中的某位旅客首先要根据这位旅客所在的房间编号找到房间才能访问旅客，同样对内存单元的访问也要先获得内存单元地址。为了形象地描述这种指向关系，我们把内存单元地址称为指针，或者说指针是内存单元地址的别名。

用户数据区内存		
⋮		
1000	1	整型变量 i
1002	'A'	字符型变量 ch
1003	2.5	实型变量 f
⋮		

图8-1　地址与变量

对内存单元的访问有两种方式：直接访问和间接访问。直接访问是直接根据变量名存取变量的值，比如访问整型变量 i 的值，只要根据变量名与内存单元地址的映射关系，找到变量 i 的地址 1000（通常都以起始地址作为变量的地址），从对应的内存单元中取出 i 的值就可以了；而间接访问是指将变量的地址存放在另一个内存单元中，当要对变量进行存取时先读取另一个内存单元的值，得到要存取变量的地址，再对该变量进行访问。例如要读取变量 i 的值时，如图 8-2 所示，先访问保存着 i 的地址的内存单元 1020，其中存放的数据 1000 是变量 i 的地址，再通过该地址找到变量 i 的内存单元，最后取出存放在其中的数值 3。

图 8-2　间接访问内存单元

8.1.2　指针变量

C 语言规定可以在程序中定义整型变量、实型变量、字符型变量等，也可以定义一种专门用来存放内存单元地址的特殊变量——指针变量。与其他变量不同的是，指针变量中存放的是相应目标变量的地址，而不是存放具体的值。例如，i 是一个整型变量，被分配 1000、1001 两个字节，pi 是一个存放整型变量地址的指针变量，通过下面的语句可以将 i 的地址赋给 pi。

　　　　pi=&i;

& 是一元运算符，用于取出变量的地址。因此 pi 的值就是 1000，即变量 i 的地址。这样就在 pi 和 i 之间建立起一种联系，即通过 pi 能知道 i 的地址从而访问变量 i 的内存单元，我们形象地称为 pi 指向变量 i。请注意区分"指针"和"指针变量"这两个概念。例如，可以说变量 i 的指针是 1000，而不能说 i 的指针变量是 1000。

一个指针变量一旦存放了某个变量的地址，该指针变量就指向了这个变量。为了表示指针变量和它所指向变量之间的联系，用"*"符号表示"指向"，例如，pi 是一个存放整型变量地址的指针变量，i 是一个整型变量，在执行了"pi=&i;"语句后，*pi 代表 pi 所指向的变量，即变量 i。

8.2　指向变量的指针变量

8.2.1　指针变量的定义

指针变量是指存放指针（内存地址）的变量。指针变量和一般变量一样在使用之前必须进行定义，定义的一般形式为：

　　类型说明符　　*指针变量名

其中：类型说明符指的是指针变量所指向变量的数据类型，"*"表示随后的变量是指针变量。

例如：

int *ptr1;　　/* 定义指针变量 ptr1，ptr1 是指向整型变量的指针变量 */
char *ptr2;　　/* 定义指针变量 ptr2，ptr2 是指向字符型变量的指针变量 */

说明：

（1）指针变量中只能存放地址（指针），不要把它和整型变量混淆。所有合法的指针变量都应当取非 0 值，如果某个指针变量取值为 0（NULL），表示该指针变量不指向任何变量。

（2）一个指针变量只能指向与它数据类型相同的变量。指向整型变量的应该是整型指针变量，指向字符型变量的应该是字符型指针变量。

8.2.2　指针变量的引用

指针变量可以通过一对互逆的运算符进行引用。

（1）一元运算符"&"，取地址运算符，取变量的地址，它将返回操作对象的内存地址。&只能用于一个具体的变量或数组元素，而不能用于表达式或常量。如：

int i, *ptr1;
char ch, *ptr2;
ptr1＝&i；　　/* 将变量 i 的地址赋给指针变量 ptr1 */
ptr2＝&ch；　/* 将变量 ch 的地址赋给指针变量 ptr2 */

则指针变量 ptr1 指向了整型变量 i，指针变量 ptr2 指向了字符型变量 ch。

（2）一元运算符"*"，指针运算符，间接存取指针变量所指向变量的值。

例如：

int i, *ptr1;
ptr1=&i;
ptr1＝100;　　/ 把 100 存入 ptr1 所指向的变量 i 中 */
等同于：i＝100;

又如：

char ch, *ptr2;
ptr2=&ch;
ptr2+=32;　　/ 把 ptr2 所指向变量 ch 中的值加 32 */
相当于：ch+=32;
ch=*ptr1;　　相当于：ch＝i;

应当注意的是，在变量声明中的"*"和表达式中的"*"的意义是不一样的，变量声明中的"*"意味着定义一个存放地址的指针变量，而表达式语句中的"*"表示间接存取指针变量所指向变量的值。

【例 8.1】

```
#include<stdio.h>

void main()
{
    int a=50, *p;              /* 声明整型指针变量 p */
```

```
        p=&a;
        printf("*p=%d\n", *p);    /* 输出指针变量 p 所指向变量的值 */
        *p=100;
        printf("a=%d\n", a);
}
```

程序运行结果：

*p=50

a=100

8.2.3 指针变量的初始化

指针变量在使用之前必须初始化，使指针变量指向一个确定的内存单元，如果指针变量未经初始化就使用的话，系统会让指针变量随机地指向一个内存地址，如果该地址正好被系统程序所使用，有可能导致系统的崩溃。

指针变量初始化的一般形式为：

类型说明符 *指针变量名=初始地址值

如：

char ch;

char *p=&ch;

说明：

● 任何指针变量在使用之前要进行定义并初始化，未经初始化的指针变量禁止使用。

● 在说明语句中初始化，把初始地址值赋给指针变量，但在赋值语句中，变量的地址只能赋给指针变量，不能赋给其他类型的变量。

● 必须使用同类型变量的地址进行指针变量的初始化。赋给整型指针变量的必须是整型变量的地址，赋给字符型指针变量的必须是字符型变量的地址。

【例 8.2】
```
#include<stdio.h>

void main()
{
        char c='A';                  // 变量 c 的初始值为'A'
        char *p=&c;                  // 变量 c 的地址作为指针变量 p 的初始值

        printf("%c%c\n", c, *p);
        c='B';                       // 将变量 c 赋值为'B'
        printf("%c%c\n", c, *p);
        *p='C';                      // 指针变量 p 所指向变量的值改为'C'
        printf("%c%c\n", c, *p);
}
```

程序运行结果：

AA
BB
CC

8.2.4 指针变量作为函数参数

在 C 语言的函数调用中,所有的参数传递都是使用"值传递",如果在被调用函数中改变了形参的值,对调用函数中的实参没有影响。一般变量作函数参数时,主要通过函数中的 return 语句,将一个函数值带回到调用函数,如果想要得到几个返回值,必须通过全局变量。使用指针变量作为函数参数,就可以通过函数调用改变主调函数中指针变量所指向变量的值。先看下面的例子:

【例 8.3】交换两个元素之值。

```
#include<stdio.h>

void swap(int x, int y)
{
    int temp;

    temp=x; x=y; y=temp;
}

void main()
{
    int a, b;

    a=4; b=6;
    swap(a, b);
    printf("a=%d, b=%d\n", a, b);
}
```

程序运行结果:
a=4, b=6

在本例中,虽然在 swap()函数中将 x 和 y 的值互换了,但由于主函数对该函数的调用是"值传递",而不是"地址传递",所以该函数不能影响主函数中的 a 和 b 的值,也达不到交换的目的。如果改用指针做参数,即用变量的地址作为参数,就可以达到交换效果。程序如下:

```
#include<stdio.h>

void swap(int *x, int *y)
{
    int temp;
```

```
    temp=*x;*x=*y;*y=temp;
}

void main()
{
    int a, b;

    a=4; b=6;
    swap(&a, &b);
    printf("a=%d, b=%d\n", a, b);
}
```
程序运行结果：
a=6, b=4
在 swap()函数中交换了指针变量所指向变量 a 和 b 的值。

8.3 指针与数组

8.3.1 指针变量的运算

由于指针变量也是变量，它具有变量的特性，可以对指针变量进行某些运算，但需要牢记一点：指针变量的值始终与某类型变量的地址有关。

归纳起来，指针变量的运算有如下 4 种：指针变量赋值、指针变量加（减）一个整数、两个指针变量比较和两个指针变量相减等。

1. 指针变量赋值

赋值运算是指使指针变量指向某个已经存在的对象。指针变量的赋值运算只能在相同的数据类型之间进行。

【例 8.4】指针变量赋值。
```
#include<stdio.h>

void main()
{
    int i=1;
    int *ptr1=&i, *ptr2;

    ptr2=ptr1;    // 将 ptr1 所指向变量的地址赋给 ptr2
    printf("*ptr2=%d\n", *ptr2);
}
```
程序运行结果：
*ptr2=1

2. 指针变量加（减）一个整数

指针变量加（减）一个整数的意义是当指针变量指向某存储单元时，使指针变量相对该存储单元移动位置，从而指向另一个存储单元。对于不同类型的指针变量，移动的字节数是不一样的，指针变量移动以它指向的数据类型所占的字节数为移动单位。例如，字符型指针变量每次移动一个字节，整型指针变量每次移动两个字节。经常利用指针变量的加减运算通过移动指针变量来取得相邻存储单元的值，特别在使用数组时，经常使用该运算来存取不同的数组元素。如：

int array[20], *p;
p= &array[0];   /* 指针变量 p 指向数组 array 的第 1 个元素 */
p+=2;   /* 移动指针变量 p，使它指向数组 array 的第 3 个元素 */

【例8.5】移动指针变量访问数组元素。

```
#include<stdio.h>

void main()
{
    int array[10]={0, 1, 2, 3, 4, 5, 6, 7, 8, 9}, i;
    int *p=&array[0];            // 初始化指针变量 p

    for(i=0;i<10;i++)
    {
        printf("%d ", *p);       // 输出指针变量 p 所指向数组元素的值
        p++;                     // 移动指针变量 p
    }
}
```

程序运行结果：
0 1 2 3 4 5 6 7 8 9

3. 两个指针变量比较

两个指向相同类型变量的指针变量可以使用关系运算符进行比较运算，对两个指针变量中存放的地址进行比较。

pi<pj;   /* 当 pi 所指向变量的地址在 pj 所指向变量的地址之前时为真 */
pi>pj;   /* 当 pi 所指向变量的地址在 pj 所指向变量的地址之后时为真 */
pi==pj;   /* 当 pi 所指向变量的地址与 pj 所指向变量的地址相同时为真 */
pi!=pj;   /* 当 pi 所指向变量的地址与 pj 所指向变量的地址不同时为真 */

指针变量的比较运算经常用于数组，判定两个指针变量所指向数组元素的位置先后，而将指向两个简单变量的指针变量进行比较或在不同类型指针变量之间的比较是没有意义的，指针变量与整型常量或变量的比较也没有意义，只有常量 0 例外。一个指针变量为 0（NULL）时表示该指针变量为空，没有指向任何存储单元。

4. 两个指针变量相减

当两个指针变量指向同一数组时，两个指针变量相减的差值即为两个指针变量相隔的元素个数。

8.3.2 数组的指针和指向数组的指针变量

数组的指针是指数组的起始地址，数组元素的指针是指数组元素的地址。使用数组指针的主要原因是操作方便，编译后产生的代码占用空间少，执行速度快，效率高。

1. 一维数组的指针和指向一维数组元素的指针变量

知道变量的地址就能间接访问变量，同理，如果知道一维数组首元素的地址，通过改变这个地址值就能间接访问数组中的任何一个数组元素。

（1）一维数组的指针

一维数组在内存中是一片连续的存储空间，C语言规定一维数组名代表一维数组的首地址，也就是一维数组中第一个元素的地址。因此，下面的两种表示等价：

a，&a[0]

由于在内存中数组的所有元素都是连续排列的，即数组元素的地址是连续递增的，所以通过数组的首地址加上偏移量就可得到其他元素的地址。

在C语言中，无论是整型还是其他类型的数组，C语言的编译程序都会根据不同的数据类型，确定出不同的偏移量，因此，用户编写程序时不必关心元素之间地址的偏移量具体是多少，只要把前一个元素的地址加1就可得到下一个元素的地址。例如，在Visual C++ 6.0中，对于字符类型，偏移量为1字节；对于整型，偏移量为2字节；对于长整型和单精度实型，偏移量为4字节；对于双精度实型，偏移量为8字节。

【例8.6】
```
#include<stdio.h>

void main()
{
    int a[4]={1, 2, 3, 4}, i;

    for(i=0;i<4;i++)
        printf("a[%d]=%d ", i, *(a+i));

    printf("\n");
}
```
程序运行结果：

a[0]=1 a[1]=2 a[2]=3 a[3]=4

说明：如图8-3所示，数组名a表示该数组的首地址，通过数组名a可以得到其他元素的地址。数组名a就是一个指向数组中第1个元素的指针，当计算中出现a[i]时，c编译程序立刻将其转换成*(a+i)，这两种形式在使用上是等价的，因此，例中的*(a+i)实际上就是a[i]。

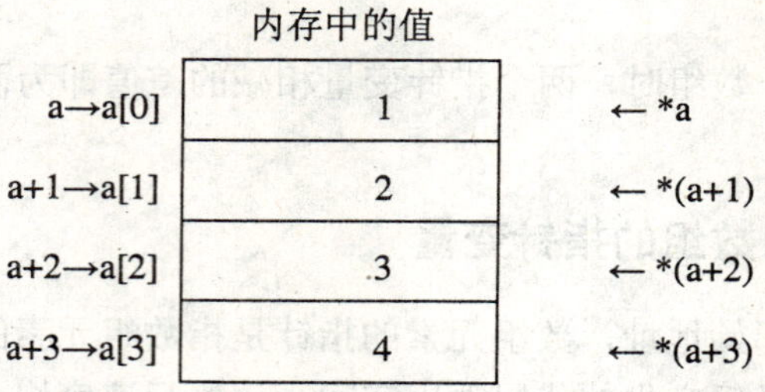

```
                    内存中的值
        a→a[0]    |    1    |    ← *a
        a+1→a[1]  |    2    |    ← *(a+1)
        a+2→a[2]  |    3    |    ← *(a+2)
        a+3→a[3]  |    4    |    ← *(a+3)
```

图 8-3

（2）指向一维数组元素的指针变量

一维数组由若干个数组元素组成，每一个数组元素是一个变量，指向变量的指针变量可以指向一维数组的数组元素，所以通过改变指向数组元素的指针变量值可以达到指向不同数组元素的目的。

根据以上叙述，访问一个数组元素，主要有两种形式：

① 下标法，即以 a[i]的形式存取数组元素。

② 指针法，如*(a+i)或*(p+i)。其中 a 是数组名，p 是指向数组元素的指针变量，其初值 p=a。

【例 8.7】设一数组有 10 个元素，要求输出所有数组元素的值。

方法 1：通过下标法存取数组元素。

```c
#include<stdio.h>

void main()
{
    int a[10]={1, 2, 3, 4, 5, 6, 7, 8, 9, 10};
    int i;

    for(i=0;i<10;i++)
        printf("%d ", a[i]);

    printf("\n");
}
```

程序运行结果：

1 2 3 4 5 6 7 8 9 10

这种方法通过数组下标表示数组的不同元素。

方法 2：通过数组名计算数组元素的地址存取数组元素。

```c
#include<stdio.h>

void main()
{
    int a[10]={1, 2, 3, 4, 5, 6, 7, 8, 9, 10};
```

```
        int i;

        for(i=0;i<10;i++)
            printf("%d ", *(a+i));

        printf("\n");
}
```
程序运行结果：
1 2 3 4 5 6 7 8 9 10

这种方法通过计算相对于数组首地址的偏移量得到各个数组元素的内存地址，再从对应的内存单元中存取数据。

方法 3：通过指针变量存取数组元素。

```
#include<stdio.h>

void main()
{
        int a[10]={1, 2, 3, 4, 5, 6, 7, 8, 9, 10};
        int *p;

        for(p=a;p<(a+10);p++)
            printf("%d ", *p);

        printf("\n");
}
```
程序运行结果：
1 2 3 4 5 6 7 8 9 10

这种方法通过先将指针变量指向数组的首元素，再通过移动指针变量，使指针变量指向不同的数组元素，最后从对应的内存单元中存取数据。

在这三种方法中，第 1 种和第 2 种只是形式上不同，程序经编译后的代码是一样的，特点是编写的程序比较直观，易读性好，容易调试，不易出错；第 3 种使用指针变量直接指向数组元素，无需每次计算地址，执行效率要高于前两种，但初学者不易掌握，容易出错。具体在编写程序时使用哪种方法，可以根据实际问题来决定，对于计算量不是特别大的程序三种方法的运行效率差别不大，在上述的例子中，三种方法的运行效率几乎没有区别，初学者可以在熟练掌握第一种方法后，使用第三种方法编写程序。

下面给出用指针来表示数组元素的地址和内容的几种形式：

① p+i 和 a+i 均表示 a[i]的地址，或者说它们均指向数组第 i 个元素，即指向 a[i]。

② *(p+i)和*(a+i)都表示 p+i 和 a+i 所指对象的内容，即为 a[i]。

③ 指向数组元素的指针变量，也可以表示成数组的形式。也就是说，它允许指针变量带下标，如*(p+i)可以表示成 p[i]，但在使用这种方式时和使用数组名时是不一样的，如果 p 不指向 a[0]，则 p[i]和 a[i]是不一样的。这种方式容易引起程序出错，一般不提倡使用。

例如，假若 p=a+5，则 p[2]就相当于*(p+2)，由于 p 指向 a[5]，所以 p[2]就相当于 a[7]。而 p[-3]就相当于*(p-3)，它表示 a[2]。

2. 二维数组的指针和指向二维数组的指针变量

二维数组与一维数组的数据逻辑结构是不同的，但两者的存储结构同是一片连续的存储空间。对二维数组来说，每个数组元素既可以视为二维数组的成员，又可以视为由二维数组的行首尾相接组成的一维数组的成员，也可将二维数组的行视为一个独立的一维数组，二维数组元素是所在行的一维数组的成员。因此，用指针变量可以指向一维数组，也可以指向二维数组。但由于在构造上二维数组比一维数组更复杂，相应地，二维数组的指针及其指针变量在概念及其应用等方面也更为复杂一些。

（1）二维数组的指针

二维数组的存储结构是按行顺序存放的。二维数组的地址有两种：一是行地址，即每行都有一个确定的地址；二是列地址（数组元素的地址），即每个数组元素都有一个确定的地址。二维数组的行地址在数值上与行中首元素的地址相等，但意义是不同的。对行地址进行指针运算得到的是同一行的首元素地址，对列地址进行指针运算得到的是数组元素。

定义如下二维数组来说明问题：

int a[3][4]={{0, 1, 2, 3}, {4, 5, 6, 7}, {8, 9, 10, 11}};

a 为二维数组名，此数组有 3 行 4 列，共 12 个元素。对于数组 a，也可这样来理解：数组 a 由 a[0]、a[1]和 a[2]三个元素组成，而它们中每个元素又是一个一维数组，且都含有 4 个元素（相当于 4 列）。例如，a[0]所代表的一维数组包含的 4 个元素为 a[0][0]，a[0][1]，a[0][2]和 a[0][3]，如图 8-4 所示。

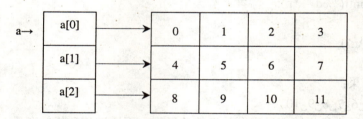

图 8-4 数组 a 的表示

从二维数组的角度来看，a 代表二维数组的首地址，也可看成是二维数组第 0 行的地址。a+1 代表第 1 行的地址，a+2 代表第 2 行的地址。如果此二维数组的首地址为 1000，由于第 0 行有 4 个整型元素，所以 a+1 为 1008，a+2 为 1016，如图 8-5 所示。

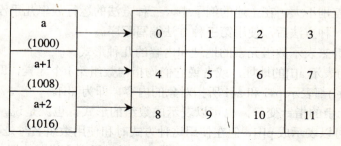

图 8-5

既然把 a[0]、a[1]和 a[2]看成是一维数组名，就可以认为它们分别代表它们所对应的一维数组的首地址，也就是说，a[0]代表第 0 行中第 0 列元素的地址，即&a[0][0]， a[1]是第 1 行中第 0 列元素的地址，即&a[1][0]。根据地址运算规则，a[0]+1 即代表第 0 行第 1 列元素的地址，即&a[0][1]。一般而言，a[i]+j 即代表第 i 行第 j 列元素的地址，即&a[i][j]。

在二维数组中，还可用指针的形式来表示各元素的地址。如前所述，a[0]与*(a+0)等价，a[1]与*(a+1)等价，因此 a[i]+j 就与*(a+i)+j 等价，它表示数组元素 a[i][j]的地址。因此，二维数组元素 a[i][j]可表示成*(a[i]+j)或*(*(a+i)+j)，它们都与 a[i][j]等价，另外也可写成(*(a+i))[j]。

另外需要特别注意的是，a+i 和*(a+i)在数值上是相同的，但意义不同。a+i 代表二维数组第 i 行的地址，是行地址；而*(a+i)代表二维数组第 i 行第 0 列元素的地址，是列地址。行地址以行为单位进行控制，列地址以数组元素为单位进行控制。

【例 8.8】 用指针法输入输出二维数组各元素。

```c
#include<stdio.h>

void main()
{
    int a[3][4],*ptr;
    int i,j;

    ptr=a[0];                      // ptr 指向第 0 行第 0 列元素
    printf("Please input data:\n");

    for(i=0;i<3;i++)
        for(j=0;j<4;j++)
            scanf("%d", ptr++);    // 指针的表示方法

    ptr=a[0];

    for(i=0;i<3;i++)
    {
        for(j=0;j<4;j++)
            printf("%-3d", *ptr++);
        printf("\n");
    }
}
```

程序运行结果：
Please input data:
1 2 3 4 5 6 7 8 9 10 11 12✓
1   2   3   4
5   6   7   8
9   10 11 12

（2）指向二维数组的指针变量

二维数组的地址有两种，相应地，指向二维数组的指针变量也有两种。

① 指向二维数组元素的指针变量。定义方法与指向一维数组元素的指针变量相同，可参考例8.8。需要注意的是，指向二维数组元素的指针变量不能指向二维数组的行，只能指向数组元素。

② 指向具有m个元素的一维数组的指针变量。C语言中提供了一种专门指向具有m个元素的一维数组的指针变量，该指针变量能够直接指向二维数组的行，但不能直接指向数组元素。定义的格式为：

类型说明符　（*指针变量名）[常量表达式]

其中：常量表达式为指针变量指向的一维数组中的数组元素个数。这个一维数组实际上是二维数组的行。例如：

int (*p)[3];

其中，指针p为指向一个由3个元素组成的整型数组的指针变量。

在定义中，圆括号是不能少的，否则它是指针数组。这种数组指针变量不同于前面介绍的整型指针变量，当整型指针变量指向一个整型数组元素时，进行指针（地址）加1运算，表示指向数组的下一个元素，此时地址值增加了2（因为一个整型数据占2个字节）；而如上所定义的指向一个由3个元素组成的整型数组的指针变量，进行地址加1运算时，其地址值增加了6（3*2=6）。这种数组指针变量在C语言中用得较少，但在处理二维数组时，还是很方便的。例如：

int a[3][4]，(*p)[4];

p=a;

开始时p指向二维数组第0行，当进行p+1运算时，根据地址运算规则，指针移动8个字节，所以此时p正好指向二维数组的第1行。和二维数组元素地址计算的规则一样，*p+1指向a[0][1]，*(p+i)+j则指向数组元素a[i][j]。

【例8.9】指向具有m个元素的一维数组的指针变量。

```
#include<stdio.h>

void main()
{
    int a[3][4]={{1, 3, 5, 7}, {9, 11, 13, 15}, {17, 19, 21, 23}};
    int i, (*b)[4];
    float sum,average;

    for(b=a;b<a+3;b++)
    {
        sum=0;
        for(i=0;i<4;i++)
            sum+=*(*b+i);          // 求每行的总和
        average=sum/4;              // 求每行的平均值
```

```
        printf("average=%.2f\n", average);
    }
}
```
程序运行结果：
average=4.00
average=12.00
average=20.00

8.3.3 数组名作为函数参数

因为数组名实际上代表数组的首地址，所以函数的实参和形参都可以是数组名，也可以是指针变量。当形参是数组名时，该数组名并不表示数组的首地址，它不是一个地址常量而是一个指针变量。

1. 一维数组名作为函数参数

【例8.10】用选择法对10个整数进行由大到小排序。

```
#include<stdio.h>

void sort(int [],int);

void main()
{
    int *p,i,a[10];

    printf("Please input data:\n");

    for (i=0;i<10;i++)
        scanf("%d",a+i);

    sort(a,10);        // 作为实参的数组名 a 代表数组的首地址

    for(p=a;p<a+10;p++)
        printf("%-3d",*p);

    printf("\n");
}
void sort(int x[],int n)    //作为形参的数组名 x 实质上是一个指针变量
{
    int *x_end,*y,*p,temp;

    x_end=x+n;
```

```
        for(;x<x_end-1;x++)
        {
            p=x;
            for(y=x+1;y<x_end;y++)
                if(*y>*p) p=y;
            if(p!=x)
                { temp=*x; *x=*p; *p=temp; }
        }
    }
```

程序运行结果：
Please input data:
45␣36␣57␣14␣63␣29␣15␣26␣79␣21↙
79␣63␣57␣45␣36␣29␣26␣21␣15␣14

2. 二维数组名作为函数参数

二维数组名代表了二维数组的首地址，也就是二维数组第 0 行的地址，因此用二维数组名作为函数实参时，可以用指向一维数组的指针变量作为函数形参。

【例 8.11】 给出年、月、日，计算该日是该年的第几天。

```
#include<stdio.h>

int sum_day(int (*)[ ],int,int,int);

void main()
{
    int year,month,day,days;
    int day_tab[2][13]={{0, 31, 28, 31, 30, 31,30,31, 31, 30, 31, 30, 31},{0, 31, 29, 31, 30, 31,30,31, 31, 30, 31, 30, 31}};

    printf("Please input: year=? month=? day=?\n");
    scanf("%d%d%d", &year, &month, &day);
    days=sum_day(day_tab,year,month,day);
    printf("It is %d day\n", days);
}

int sum_day(int (*p)[13], int y, int m, int d)    /* 指针变量 p 指向二维数组的一行/*
{
    int i,leap=0;

    leap=y%4==0&&y%100!=0||y%400==0;
```

```
            for(i=1;i<m;i++)
                d+=*(*(p+leap)+i);

        return d;
}
```
程序运行结果：
Please input: year=? month=? Day=?
2000⌴4⌴15↙
It⌴is⌴106⌴day

8.4 指针数组和指向指针的指针

8.4.1 指针数组

如果数组中的每个元素都是指向同类对象的指针变量，则这种数组称为指针数组。指针数组定义的一般形式为：

类型说明符　　*数组名[常量表达式]

如：int *a[5]表示定义了一个包含 5 个元素的指针数组，数组中的每个元素都是一个整型指针变量，结构如图 8-6 所示。

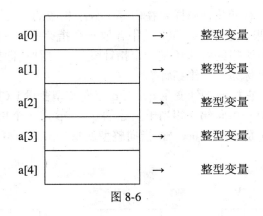

图 8-6

【例 8.12】利用指针数组输出单位矩阵。
```
#include<stdio.h>
#define N 3

void main()
{
    int matrix[N][N]={0};         // 定义矩阵
    int *p[N];                    // 定义整型指针数组
    int i,j;
```

```
        printf("%d*%d identity matrix:\n",N,N);

        for(i=0;i<N;i++)
        {
            p[i]=matrix[i];
            for(j=0;j<N;j++)
            {
                if(i==j)   p[i][j]=1;
                printf("%-3d",p[i][j]);
            }
            printf("\n");
        }
}
```
程序运行结果：
1▁▁0▁▁0
0▁▁1▁▁0
0▁▁0▁▁1

8.4.2 指向指针的指针

指针变量本身也是一种变量，同样要在内存中分配相应的单元（在 VC6.0 中，每个指针变量分配 4 个字节）。如果另设一个变量，其中存放一个指针变量的内存单元地址，那么它本身也是一个指针变量，但所指的对象还是一个指针变量。这种指向指针数据的指针变量简称为指向指针的指针，也可称为"二维指针"。

设 p 为一指针变量，它指向指针变量 q，而 q 指向整型变量 i（见图 8-7），这样 p 就成了指向指针的指针。这里的 p 指向*p（相当于上述的 q），*p 是一个指针变量，它指向**p（相当于上述的变量 i）。**p 是整型变量，*p 指向整型变量**p，这样的指针变量 p 就叫做指向指针的指针。

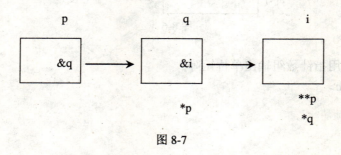

图 8-7

指向指针的指针定义的一般形式为：
类型说明符　**指针变量名
例如：int **p;
该语句定义了指针变量 p，它指向另一个指针变量（该指针变量又指向一个整型变量），即 p 是指向指针的指针。

下面看一下怎样正确引用指向指针的指针。

【例 8.13】利用指向指针的指针输出二维数组。

```c
#include<stdio.h>

void main()
{
    int a[3][4];
    int **p,*q;          // p 为指向整型指针变量的指针变量
    int i,j;

    printf("Please input data:\n");

    for(i=0; i<3; i++)
        for(j=0; j<4; j++)
            scanf("%d", &a[i][j]);

    for(i=0; i<3; i++)
    {
        q=a[i];
        p=&q;
        for(j=0; j<4; j++)
            printf("%-4d", *(*p+j));
        printf("\n");
    }
}
```

程序运行结果：
Please input data:
15␣9␣23␣0␣8␣45␣6␣17␣25␣64␣14␣51✓
15␣␣9␣␣␣23␣␣0
8␣␣␣45␣␣6␣␣␣17
25␣␣64␣␣14␣␣51

8.5 指针与函数

8.5.1 函数的指针与指向函数的指针变量

所有类型的变量都在内存中占用一定的空间，从而具有相应的起始地址。同样，一个函数在编译后被放入内存中，这片内存单元从一个特定的地址开始，这个地址就称为该函数的入口地址，也就是该函数的指针。我们可以定义一个指针变量，让它指向某个函数，这个变

量就称为指向函数的指针变量。利用指向函数的指针变量可以更灵活地进行函数调用——让程序从若干函数中选择一个最适宜当前情况的函数予以执行。

1. 定义指向函数的指针变量

指向函数的指针变量的一般定义形式为：

函数类型　（*指针变量名）（形参列表）

"函数类型"说明函数返回值的类型，由于"()"的优先级高于"*"，所以指针变量名外的括号必不可少，后面的"形参列表"表示指针变量指向的函数所带的参数列表。

例如：

int (*f 1)(int x);

double (*f 2)(double x, double y);

第一行定义 f 1 是指向返回整型值的函数的指针变量，该函数有一个类型为 int 的参数；第二行定义 f 2 是指向返回双精度实型值的函数的指针变量，该函数有两个类型为 double 的参数。

在定义指向函数的指针变量时请注意：

① 指向函数的指针变量和它指向的函数的参数个数和类型都应该是一致的。

② 指向函数的指针变量的类型和函数的返回值类型也必须是一致的。

2. 指向函数的指针变量的赋值

指向函数的指针变量不仅在使用前必须定义，而且也必须赋值，使它指向某个函数。由于 C 编译对函数名的处理方式与对数组名的处理方式相似，即函数名代表了函数的入口地址。因此，利用函数名对相应的指针变量赋值，就使得该指针变量指向这个函数。

例如：

int func(int x);　　　　/* 声明一个函数 */

int (*f)(int x);　　　　/* 定义一个指向函数的指针变量 */

f=func;　　　　　　　/* 将 func 函数的入口地址赋给指针变量 f */

赋值时函数 func 不带括号，也不带参数，由于 func 代表函数的入口地址，因此经过赋值以后，指针变量 f 就指向函数 func(x)。

3. 通过指向函数的指针变量来调用函数

与其他指针变量类似，如果 f 是指向函数 func(x)的指针变量，则*f 就代表它所指向的函数 func。所以在执行了 f=func;之后，(*f)和 func 代表同一函数。

由于指向函数的指针变量指向存储区中的某个函数，因此可以通过它调用相应的函数。现在就来讨论如何通过指向函数的指针变量调用函数，它应执行下面三步：

首先，要定义指向函数的指针变量。

例如：int (*f)(int x);

其次，要对指向函数的指针变量赋值。

例如：f=func;（函数 func(x)必须先要有定义。）

最后，要用（*指针变量名）（参数表）；调用函数。

例如：(*f)(x);（x 必须先赋值。）

【例 8.14】 任意输入 n 个数，找出其中最大数，并且输出最大数值。

#include<stdio.h>

#define N 9

```
void main()
{
    int f(int,int);
    int i, a, b;
    int (*p)(int x,int y);     // 定义指向函数的指针变量

    printf("Please input data:\n");
    scanf("%d", &a);
    p=f;                       // 给指向函数的指针变量 p 赋值，使它指向函数 f

    for(i=1;i<N;i++)
    {
        scanf("%d", &b);
        a=(*p)(a, b);          // 通过指针变量 p 调用函数 f
    }

    printf("The Max Number is: %d\n", a);
}

int f(int x, int y)
{
    int z;

    z=(x>y)?x:y;

    return(z);
}
```
程序运行结果：
343␣-45␣4389␣4235␣1␣-534␣988␣555␣789✓
The␣Max␣Number␣is:␣4389

8.5.2 函数指针作为函数参数

在 C 语言中规定，整个函数不能作为参数在函数间进行传送。但在编制程序时，有时需要把一个函数传给另一个函数，那么就必须使用函数指针作参数。

前面说过，函数名代表该函数的入口地址，因此，函数名可以作为实参出现在函数调用的参数表中。例如，有如下函数原型：
void func(int (*p)(int x));
int f(int y);
那么，在程序中可以使用以下函数调用语句：

func(f);

在函数 func 内部为了调用传送过来的函数 f，应使用间接访问的方式，如：

(*p)(a); （a 必须先赋值）

【例 8.15】利用梯形法计算定积分 $\int_a^b f(x)\,dx$，其中 f(x)可以是以下三种数学函数之一：

（1） $f(x) = x^2 - 2x + 2$

（2） $f(x) = 1 + x + x^2 + x^3$

（3） $f(x) = \dfrac{x}{1 + x^2}$

首先分别编写函数 f1、f2、f3，分别用来实现上述的三个数学函数。

然后用指向函数的指针变量作参数的方法，编写一个求定积分的通用函数 integral。求定积分采用梯形法，见图 8-8。

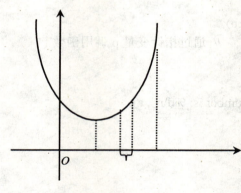

图 8-8

从图中可以看出，求给定函数的定积分值就是求出在给定区间内函数曲线与 x 轴之间的面积。为求出总面积，先将区间[a, b]分成 n 等份，也对应地将图形分成 n 个小块，每一个小块的图形近似于一个小梯形。用小梯形面积代替该小块图形的面积，然后进行累加，就能得到曲线图形的近似面积。因此，求函数 f 在区间[a, b]的定积分的公式为：

$$s = \frac{f(a)+f(a+h)}{2} \times h + \frac{f(a+h)+f(a+2h)}{2} \times h + \cdots + \frac{f(a+(n-1)h)+f(b)}{2} \times h$$

$$= \frac{h}{2} \times [f(a) + 2f(a+h) + 2f(a+2h) + \cdots + 2f(a+(n-1)h) + f(b)]$$

$$= h \times \left[\frac{f(a)+f(b)}{2} + f(a+h) + f(a+2h) + \cdots + f(a+(n-1)h) \right]$$

其中， $h = \dfrac{b-a}{n}$

最后在 main 函数中调用求定积分的通用函数 integral，每次调用时分别以函数名 f1、f2、f3 作为实参，同时指定下限 a、上限 b 和区间[a, b]的 n 等份数，就可以求出三个函数的定积分。程序如下：

#include<stdio.h>

```c
void main()
{
    float f1(float),f2(float),f3(float);
    float integral(float,float,int,float (*)(float));
    float a,b,v;
    int n,flag;

    printf("Please input the low limit and upper limit:\n");
    scanf("%f%f", &a, &b);
    printf("Please input the number of sections:\n");
    scanf("%d", &n);
    printf("Please input your choice as follows:\n");
    printf("1. f1(x)=x*x-2*x+2\n2. f2(x)=1+x+x*x+x*x*x\n3. f3(x)=x/(1+x*x)\n");
    printf("Enter your choice(1, 2 or 3):\n");
    scanf("%d", &flag);

    if(flag==1)
        v=integral(a,b,n,f1);
    else if(flag==2)
        v=integral(a,b,n,f2);
    else
        v=integral(a,b,n,f3);

    printf("v=%.2f\n", v);
}

float f1(float x)
{
    return x*x-2*x+2;
}

float f2(float x)
{
    return 1+x+x*x+x*x*x;
}

float f3(float x)
{
    return x/(1+x*x);
}
```

}

```
float integral(float a,float b,int n,float (*p)(float x))
{
    int i;
    float h,s=0;

    h=(b-a)/n;
    s=((*p)(a)+(*p)(b))/2;

    for(i=1;i<n;i++)
        s+=(*p)(a+i*h);

    return h*s;
}
```

程序运行结果：
Please input the low limit and upper limit:
0 2↙
Please input the number of sections:
100↙
Please input your choice as follows:
1. f1(x)=x*x-2*x+2
2. f2(x)=1+x+x*x+x*x*x
3. f3(x)=x/(1+x*x)
Enter your choice(1, 2 or 3):
2↙
v=10.67

8.5.3 返回指针的函数

一个函数不仅可以返回一个整型值、字符值、实型值等，也可以返回指针型的数据。如果一个函数的返回值是一个指针，即某个对象的地址，那么这个函数就是返回指针的函数。
返回指针的函数的一般定义形式为：
类型标识符　*函数名（参数表）
例如：
double *func(int x, double y);
func 是函数名，调用它以后能得到一个指向 double 型数据的指针（地址），x、y 是函数 func 的形参。注意不要把返回指针的函数的定义与指向函数的指针变量的定义混淆起来，用时要十分小心。

【例 8.16】一个班有若干学生，每个学生有 4 门课程，交互式输入每个学生的各门课程的成绩，找出其中有不及格课程的学生的序号，并输出其所有的课程成绩。用返回指针的函数实现该程序：

```c
#include<stdio.h>
#define N 3

void main()
{
    float *search(float (*)[4]),*p, score[N][4];
    int i, j;

    for(i=0;i<N;i++)
    {
        printf("Please input the scores of %d student:\n", i+1);
        for(j=0;j<4;j++)
            scanf("%f", &score[i][j]);
    }

    printf("The serial number and score of failure students:\n");

    for(i=0;i<N;i++)
    {
        p=search(score+i);
        if(p==*(score+i))
        {
            printf("No. %d scores: ", i+1);
            for(j=0;j<4;j++)
                printf("%5.2f ", *(p+j));
            printf("\n");
        }
    }
}

float *search(float (*p)[4])
{
    int i;
    float *q=*p;

    for(i=0;i<4;i++)
        if(*(q+i)<60)   return *p;

    return *(p+1);
```

}
程序运行结果：
Please_input_the_scores_of_1_student:
60_70_80_90↙
Please_input_the_scores_of_2_student:
56_89_67_88↙
Please_input_the_scores_of_3_student:
34_78_90_66↙
The_serial_number_and_score_of failure_students:
No._2_scores:_56.00_89.00_67.00_88.00
No._3_scores:_34.00_78.00_90.00_66.00

本 章 小 结

本章首先阐述了指针和指针变量的基本概念。接下来介绍了指针变量的定义、引用与初始化，以及指针变量作为函数参数的使用方法。然后详尽阐明了指针与数组，指针与函数之间的紧密关系，并通过多个实例来展示数组指针变量、指针数组、函数指针变量和指针函数的具体应用过程。

思 考 题

1．指针和指针变量有什么不同？
2．指针变量如何引用？使用指针变量之前是不是必须进行初始化？
3．指针变量作函数参数与一般变量作函数参数的区别是什么？
4．一维数组的指针与二维数组的指针有什么相同点和不同点？
5．int (*p)[5]与 int *p[5]各自的含义是什么？
6．作为形参的数组名与作为实参的数组名有什么区别？
7．int (*f)(int x)与 int *f(int x)各自的含义是什么？

第 9 章 字 符 串

在 C 语言中，对字符串的处理非常重要，特别在一些网络设备中，处理过程会影响设备的转发和吞吐量。C 语言用字符数组来存储字符串，通过一些字符数组的处理函数（特别是针对以"\0"结尾的字符数组的处理函数）来处理以"\0"结尾的字符串，并把它们放在 string.h、stdio.h 等一些标准库文件中。

9.1 字符串的基本概念

字符串常量是用双引号包围的字符序列。存储字符串常量时，系统会在字符序列后自动加上"\0"，标志字符串的结束。字符串的长度定义为字符串中的有效字符数，不包括结束标志"\0"和双引号。

C 语言没有专门定义字符串数据类型，字符串变量通过以"\0"结尾的字符数组来表示。字符串变量用于存储和处理字符串常量。在书中统称为字符串的，既可能是字符串常量也可能是存储了字符串常量的字符串变量，即特殊的字符数组。

9.2 用字符数组存储和处理字符串

9.2.1 字符数组的定义

字符数组是用来存放字符型数据的数组，在字符数组中，每个数组元素只能存放一个字符。字符数组有两种用法：一是当做字符的数组来使用，对字符数组的输入、输出、赋值、引用等都是针对单个元素进行。二是用于存储和处理字符串，可以把字符串作为一个整体进行操作。

字符数组的定义格式和数值型数组的定义格式相同，其类型说明符为 char。

例如：char a[15];

定义了包含 15 个元素的一维字符数组 a，其中每个元素都可用来存放一个字符。因此，一维字符数组常用来存放单个字符串。

同样，也可以定义二维字符数组。

例如：char b[10][50];

定义了一个包含 500（10 行 50 列）个元素的二维字符数组 b。

由于二维数组可以看成是由一维数组组成的特殊数组，每个元素都是一个一维数组。因此，二维字符数组可以看成是特殊的一维字符数组，每个元素都是一个一维字符数组。在处理字符串数据时，正是应用了以上思想，由于一维字符数组可以用来存放单个字符串，所以二维字符数组可以作为存放多个字符串的字符串数组。

9.2.2 字符数组的引用

在 C 语言中，字符数组与数值型数组一样，也只能对数组元素逐个引用。
例如：
char c[4];
c[0]='A';   /* 将字母 A 赋给字符数组元素 */
c[1]=66;   /* 将 ASCII 码值等于 66 的字符 B 赋给字符数组元素 */
c[2]=c[0]+1;   /* 等价于将字母 B 赋给字符数组元素 */
c[3]=c[1]-1;   /* 等价于将字母 A 赋给字符数组元素 */
又如：
char i, a[26];
a[0]='A';
for(i=1;i<=25;i++)
  a[i]= a[i-1]+1;
for(i=0;i<=25;i++)
  printf("a[%d]=%-3c ", i, a[i]);
以上程序段表示将 A 到 Z 共 26 个大写字母存放至字符数组 a 中，然后依次输出它们。

9.2.3 字符数组的初始化

对字符数组初始化有两种方法：
（1）把字符数组当做普通数组看待，用字符常量对字符数组初始化。
例如：char   a[10]= {'0', '1', '2', '3', '4', '5', '6', '7', '8', '9'};
在字符数组 a 的 10 个元素中分别存放了十个数字字符。
又如：char   b[10]={'a', 'b', 'c', 'd', 'e'};
在字符数组 b 的前五个元素 b[0]到 b[4]中分别存放了五个英文字符，其余元素被赋予默认初值 "\0"。
也可以在不指定字符数组长度的情况下，直接初始化字符数组。
例如：char   c[ ]={'s', 't', 'r', 'i', 'n', 'g', '!'};
字符数组 c 的长度等于初始化字符的个数，即包含 7 个数组元素。
同样，可以定义和初始化二维字符数组。
例如：char   a2[2][3]={ {'0', '1', '2'}, {'3', '4', '5'} };
或者，给二维字符数组的部分元素赋初值，其余元素获得默认初值 "\0"。
char   b2[2][3]={ '0', '1', '2', '3'};
也可以在省略行下标的情况下，对二维字符数组进行初始化。
例如：char   c2[ ][3]={ {'0', '1', '2'}, {'3', '4', '5'} };
注意：如果在定义字符数组时不进行初始化，数组元素不会被赋予默认初值 "\0"。
（2）把字符数组当做字符串变量看待，用字符串常量对字符数组初始化。
例如：
char   b[5]={"BODY"};
在 C 语言中，字符串常量在存放时，其末尾会由系统自动添加一个字符串结束标志 "\0"，因此上述初始化语句等价于：
  char b[5]={'B', 'O', 'D', 'Y', '\0'};
  C 语言也允许在用字符串常量初始化字符数组时省略数组长度和花括号。
  例如：char c[ ]="string!";
  字符数组 c 的长度等于字符串有效字符的个数加 1，即包含 8 个数组元素（c[7]中存放了字符串结束标志）。
  也可以利用字符串常量对二维字符数组进行初始化。
  例如：char a[4][8]={"ZHANG", "ZHONG", "HUANG", "LIANG"};
  二维字符数组 a 可看成一维字符串数组，包含 a[0]到 a[3]共 4 个数组元素，每个元素都是一维字符数组，其中分别存放了字符串常量"ZHANG"、"ZHONG"、"HUANG"和"LIANG"。
  注意：在利用字符串常量对字符数组初始化时，字符数组的长度应不小于字符串有效字符的个数加 1。

9.2.4 字符数组的输入输出

  可以利用格式输入输出函数来完成字符数组的输入输出操作。
  （1）利用格式字符 c 对字符数组元素逐个输入和输出字符。
  【例 9.1】

```
#include<stdio.h>
#define SIZE 10

void main( )
{
    char s[SIZE];
    int i, j;

    printf("请输入一行字符\n");

    for(i=0; i<SIZE; i++)     // 向字符数组中逐个输入字符
    {
        scanf("%c", &s[i]);
        if(s[i]=='\n')   break;
    }

    printf("\n 输入的字符序列为\n");

    for(j=0; j<i; j++)     // 逐个输出字符数组元素
        printf("%c", s[j]);
}
```

  （2）利用格式字符 s 对字符数组整体输入和输出字符串。

【例9.2】
```
#include<stdio.h>
#define SIZE 10

void main()
{
    char s[SIZE];

    printf("请输入一行字符\n");
    scanf("%s", s);              // 向字符数组中输入字符串
    printf("\n 输入的字符串为：\n");
    printf("%s", s);             // 输出字符数组中存放的字符串
}
```
注意：

①由于 scanf 函数要求给出变量地址，因此在输入字符串时，直接使用字符数组名（数组首地址）作为函数实参。下面的写法都是错误的：
scanf("%s", &s[0]);
scanf("%s", &s);

②scanf 函数读入的字符串开始于第一个非空白符，包括下一个空白符（空格、Tab 键、回车键）之前的所有字符，最后自动加上字符串结束标志"\0"。

例如：
char   s1[5], s2[5], s3[5];
scanf("%s%s%s", s1, s2, s3);

执行上语句时，输入：
do␣your␣best↙

则 s1、s2 和 s3 三个字符数组中存放字符串的情况如图 9-1 所示。

s1	d	o	\0	任意字符	任意字符
s2	y	o	u	r	\0
s3	b	e	s	t	\0

图 9-1 利用 scanf 函数输入多个字符串

③printf 函数在输出字符串时一边检测一边输出，一旦碰到"\0"，便认为字符串已经结束，随即停止工作。一旦由于某种原因字符串中的"\0"被改为其他值，字符串就无法终止，printf 函数也无法输出正确的结果。

9.3 指向字符串的指针变量

9.3.1 字符串指针变量的定义与初始化

在 C 语言中没有专门的字符串类型的数据结构，都是用字符型数组来处理字符串。字符串的指针就是字符串的首字符地址，也就是存放字符串的字符数组的首地址。由于使用字符数组进行某些操作比较复杂，因此对字符串进行操作时，很多情况下都是通过使用指向字符串的指针变量来实现。指向字符串的指针变量等同于指向字符数组元素的指针变量，可以指向字符串中的任意一个字符。通常把指向字符串的指针变量称为字符串指针变量或字符指针变量。

字符串指针变量和其他类型指针变量的定义格式相同，其类型说明符为 char。

例如：char *p;

定义了一个指向字符型变量的指针变量 p（即字符串指针变量），可以将存放字符串的字符数组名赋予该指针变量，让其指向字符串的首字符，从而实现用指针变量表示字符串。

例如：char str[ ]＝"Welcome to study C program language!", *p=str;

指针变量 p 中存放了字符数组 str 的首地址，即字符串首字符 "W" 的地址，以后可以通过移动指针变量取得字符串的其他字符。

也可以在不定义字符数组的情况下直接定义字符串指针变量指向字符串。C 语言编译系统对字符串常量按照和字符数组同样的方法进行处理，在内存中开辟一个字符数组连续存储空间来存放字符串常量。因此，可以在程序中定义一个字符串指针变量，并将字符串的首地址赋给它，然后通过该指针变量来访问字符串。

例如：

char *p＝"Welcome to study C program language!";

printf("%s", p);

这里定义了一个字符串指针变量 p，并将字符串的首地址赋给它，然后输出该指针变量所指向的字符串。

上述的初始化语句等价于下面两句：

char *p;

p＝"Welcome to study C program language!";

需要注意的是，字符串指针变量 p 中存放的是字符串首字符的地址，而不是整个字符串。

【例 9.3】
#include<stdio.h>

void main()
{
    char *p="Welcome to study C program language!"; /*定义并初始化字符串指针变量*/

    while(*p!='\0')   // 移动字符串指针变量来逐个输出字符串中的字符
    {
        printf("%c", *p);

```
        p++;
    }

    printf("\n");
    p="Welcome to Wuhan University!";   /*将字符串的首地址赋给字符串指针变量*/
    printf("%s\n", p);     // 输出字符串指针变量所指向的字符串
}
```

9.3.2 字符串指针变量与字符数组

用字符数组和字符串指针变量都能实现对字符串的存储和运算，而且在很多时候使用方法一样，但二者之间是有区别的，不能混为一谈。主要区别有：

● 字符数组由若干个元素组成，每个元素存放一个字符；而字符串指针变量是一个指针变量，变量中只保存一个字符的地址（初始化时是字符串的首地址），而不是整个字符串。

● 赋值方式不同。对字符数组的赋值只能对各个元素分别赋值，而对字符串指针变量只用赋给字符串的首地址就可以了。

例如，以下对字符串指针变量的赋值是正确的：

char *p;

p="Welcome to study C program language!";

p 是字符串指针变量，为一变量，用来保存字符的地址，允许给其赋值。

以下对字符数组的赋值是错误的：

char str[80];

str="Welcome to study C program language!";

str 是字符数组名，为一常量，代表数组的首地址，不允许给其赋值。

● 字符串指针变量占用的内存要少于字符数组。字符串指针变量只是在程序运行中被临时赋予字符串的首地址，而字符数组在程序被编译时要为每个数组元素分配内存单元，而且必须用字符数组可能存放字符的最大数目作为数组的大小，尽管在大多数时候该数组可能只用到其占用内存中的一部分。

● 字符串指针变量中所存放的地址在程序中可以根据需要灵活地变化，而数组名永远代表该数组的首地址，而且是在程序一开始运行就被分配好的，在程序运行后不会变化。

【例 9.4】复制字符串。

```
#include<stdio.h>
#define SIZE 50

void main()
{
    char str1[SIZE], str2[SIZE];
    char *p1=str1, *p2=str2;   //定义字符串指针变量并赋予字符数组首地址

    printf("请输入待复制的字符串：\n");
```

```
        for(; p1<str1+SIZE; p1++) /*移动字符串指针变量使其指向不同的字符数组元素*/
        {
                scanf("%c", p1);     //向字符串指针变量指向的字符数组元素中输入字符
                if(*p1=='\n')    break;
        }

        *p1='\0';    //为输入的字符串添加字符串结束标志

        for (p1=str1; *p1!='\0'; p1++, p2++)    /*将指针变量 p1 所指向字符串中的字符逐个复
制到指针变量 p2 所指向的字符数组元素中*/
                *p2=*p1;

        *p2='\0';    //为复制的字符串添加字符串结束标志
        printf("复制字符串为：\n");

        for (p2=str2; *p2!='\0'; p2++)    /*逐个输出字符串指针变量所指向字符串中的字符*/
                printf("%c", *p2);

        printf("\n");
}
```

程序运行结果：
请输入待复制的字符串：
Welcome_to_study_C_program_language!✓
复制字符串为：
Welcome_to_study_C_program_language!

9.3.3 字符串指针变量作为函数参数

将一个字符串从主调函数传递到被调用函数，可以使用地址传递的方法，即用字符数组名或字符串指针变量作为参数。在被调用函数中可以改变字符串的内容，在主调函数中可以得到被改变的字符串。

【例 9.5】编写函数 strlink( )，连接两个字符串 str1 和 str2，连接后的结果放在 str1 中。

设在字符数组 str1 和 str2 分别存放 "Hello" 和 "World!" 这样两个字符串（如图 9-2 所示），该例要求将 str2 中存放的字符串添加到 str1 中所有有效字符的后面。

	0	1	2	3	4	5	6
str1	H	e	l	l	o	\0	
str2	W	o	r	l	d	!	\0

图 9-2 在字符数组中存放字符串

从上述要求可以看出，str1 所占的存储空间即字节数应该不小于其中存放字符串的长度加 str2 中存放字符串的长度再加 1。

因为主调函数与被调用函数都要对 str1 和 str2 进行操作，而且要在被调用函数中修改主调函数中 str1 的内容，因此函数调用时要用指针作为参数来传址。下面给出完整的程序。

```c
#include<stdio.h>
#define SIZE 50

void strlink(char *,char *);

void main()
{
    char str1[SIZE]="Hello ", str2[ ]="World!";

    printf("字符串一：\n%s\n", str1);
    printf("字符串二：\n%s\n", str2);
    strlink(str1, str2);    //字符数组名作为函数实参
    printf("连接后的新字符串：\n%s\n", str1);
}

void strlink(char *s, char *t)    //字符串指针变量作为函数形参
{
    while(*s!='\0')            //不断移动指针变量 s，使其指向 str1 中存放字符串的末尾
        s++;

    while(*t!='\0') /*将指针变量 t 所指向字符串中的有效字符逐个添加到指针变量 s 所指向字符串的末尾*/
    {
        *s=*t; s++; t++;
    }

    *s='\0';      //为连接后的新字符串添加字符串结束标志
}
```

程序运行结果：
字符串一：
Hello
字符串二：
World!
连接后的新字符串：
Hello World!

在执行主调函数中的函数调用语句 strlink(str1, str2)时，首先将字符数组 str1 的首地址传

给 s，将字符数组 str2 的首地址传给 t，参数传递完成后 s＝str1＝&str1[0]，t=str2＝&str2[0]（如图 9-3 所示），然后将控制转给函数 strlink。当在 strlink 函数中改变指针变量 s 所指向字符串中的值时，由于指针变量 s 所指向的字符串正好是字符数组 str1 中存放的字符串，所以字符数组 str1 的值也相应地发生改变。

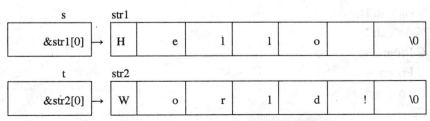

图 9-3　字符串指针变量作为函数参数

9.4　字符串处理函数

9.4.1　gets 函数

C 语言提供了丰富的字符串处理函数，大致可分为字符串的输入、输出、合并、修改、比较、转换、复制、搜索几类。使用这些函数可大大减轻编程的负担。用于输入输出的字符串函数，在使用前应包含头文件"stdio.h"；使用其他字符串函数则应包含头文件"string.h"。下面介绍几个最常用的字符串函数。

一般形式：gets(str);

参数：str 可以是字符数组名或字符串指针变量名。

功能：通过标准输入设备向字符数组中输入一个字符串，当遇到回车符时结束输入，系统会自动在所有有效字符后加上结束符"\0"。函数返回值是字符数组的首地址。

例如：
char str[30];
printf("Please input string\n");
gets(str);
printf("%s\n", str);

输入"China is my homeland."，输出结果为"China is my homeland."。

gets 函数与使用格式说明"%s"的 scanf 函数相比较，有以下值得注意的地方：

（1）gets 函数一次只能输入一个字符串，而 scanf 函数可利用多个格式说明"%s"来一次输入多个字符串。

例如：
char str1[30], str2[30], str3[30];
gets(str1);
scanf("%s%s", str2, str3);

（2）使用格式说明"%s"的 scanf 函数以空格、Tab 键或回车键作为输入字符串时的分隔符或结束符，所以空格、Tab 键不能出现在字符串中；而利用 gets 函数输入字符串时没有此限制。例如：

  char str1[20], str2[20];
  gets(str1);
  scanf("%s", str2);
  printf("%s\n", str1);
  printf("%s\n", str2);
  输入：C Program
       C Program
  输出：C Program
       C

9.4.2 puts 函数

一般形式：puts(str);

参数：str 可以是字符数组名或字符串指针变量名。

功能：将字符串 str 输出到终端，遇到结束符"\0"时终止。puts 函数一次只能输出一个字符串，字符串中可以包含转义字符。

例如：

char str[ ]="China\nWuhan\tUniversity";

puts(str);

输出：China
      Wuhan University

puts 函数与使用格式说明"%s"的 printf 函数相比较，有以下值得注意的地方：

（1）puts 函数一次只能输出一个字符串，而 printf 函数可利用多个格式说明"%s"来一次输出多个字符串。

例如：

char *str1="Great Wall", *str2="Yellow Crane Tower", *str3="Guiyuan Temple";

puts(str1);

printf("%s\n%s\n", str2, str3);

输出：Great Wall
      Yellow Crane Tower
      Guiyuan Temple

（2）puts 函数在输出时将结束符"\0"转换成"\n"，即输完后自动换行；利用格式说明"%s"输出字符串的 printf 函数没有此功能。例如：

char str1[20]="Program Design", str2[20]="C language ";

puts(str1);

printf("%s", str2);

在 VC6.0 中，输出结果为：

Program Design

C language Press any key to continue

9.4.3 strlen 函数

一般形式：strlen(str);
参数：str 可以是字符数组名、字符串指针变量名或字符串常量。
功能：计算并返回字符串 str 的有效长度（不包含结束符"\0"）。
例如：
char str[ ]="computer";
char *p=str;
printf("%d\n", strlen(str));
printf("%d\n", strlen(p));
printf("%d\n", strlen("computer"));
三次输出的字符串有效长度均为 8，结束符"\0"不计在内。

9.4.4 strcat 函数

形式：strcat(str1, str2);
参数：str1 可以是字符数组名或字符串指针变量名，str2 可以是字符数组名、字符串指针变量名或字符串常量。
功能：将字符串 str1 与字符串 str2 尾首相接，原 str1 末尾的结束符"\0"被自动覆盖，新串的末尾自动加上结束符"\0"，生成的新串存于 str1 中。函数返回值是字符串 str1 的首地址。
例如：
char str1[80]= "Good ";
char *str2="luck ";
strcat(str1, str2);
strcat(str1, "for you!");
printf("%s\n", str1);
输出结果为"Good luck for you!"。
注意：str1 必须有足够的长度以容纳 str2 的内容，否则会因越界产生错误。

9.4.5 strcpy 函数

一般形式：strcpy(str1, str2);
参数：str1 可以是字符数组名或字符串指针变量名，str2 可以是字符数组名、字符串指针变量名或字符串常量。
功能：将字符串 str2 的内容连同结束符"\0"一起复制到 str1 中，并返回字符串 str1 的首地址。
例如：
char str1[50], str2[ ]="Computer Center of ", *p="Wuhan University";
strcpy(str1, str2);
strcpy(str2, p);
strcat(str1, str2);

printf("%s\n", str1);

输出结果为"Computer Center of Wuhan University"。

注意：str1必须有足够的长度以容纳str2的内容，否则会因越界产生错误。

9.4.6 strcmp函数

一般形式：strcmp (str1, str2);

参数：str1和str2均可以是字符数组名、字符串指针变量名或字符串常量。

功能：比较str1和str2两个字符串的大小。比较方法：对两个字符串的对应字符逐一进行比较，只有当两个字符串中的所有对应字符都相等（包括结束符"\0"）时，才认定两者相等。否则当第一次出现不相同的字符时，就停止比较过程，依据这两个字符的ASCII码值大小决定所在字符串的大小。在VC6.0中，如果str1等于str2，函数返回值为0；如果str1大于str2，函数返回值为1；如果str1小于str2，函数返回值为-1。

例如：

```
int flag;
char *str1="China", *str2="Chinese";
flag=strcmp(str1, str2);
if(flag==0)
    printf("str1=str2\n");
else if(flag>0)
    printf("str1>str2, flag=%d\n", flag);
else
    printf("str1<str2, flag=%d\n", flag);
```

输出结果为"str1<str2, flag=-1"。

9.4.7 strlwr函数

一般形式：strlwr(str);

参数：在VC6.0中，str只能是字符数组名。

功能：将字符串str中的大写字母转换成小写字母。

例如：

```
char str[ ]="C Program Language";
printf("%s\n", strlwr(str));
```

输出结果为"c program lanuage"。

9.4.8 strupr函数

一般形式：strupr(str);

参数：在VC6.0中，str只能是字符数组名。

功能：将字符串str中的小写字母转换成大写字母。

例如：

```
char str[ ]="Computer Center";
printf("%s\n", strupr(str));
```

输出结果为"COMPUTER CENTER"。

本章小结

本章首先阐述了字符串的基本概念。接下来详细介绍了用字符数组存储和处理字符串的方法。然后阐明了字符串指针变量的定义与引用方式，以及字符串指针变量与字符数组的区别，并通过实例展示了字符串指针变量作为函数参数的优点。最后介绍了一些常用的字符串处理函数，对它们的调用形式、参数类型、基本功能进行了说明。

思 考 题

1. 字符串变量在 C 语言中是如何实现的？
2. 用字符数组存储和处理字符串的方法有几种？它们有什么区别？
3. 用字符常量和字符串常量对字符数组进行初始化时，数组长度应分别满足什么要求？
4. 字符串指针变量与字符数组有什么区别和联系？
5. 字符串指针变量作为函数参数有什么优点？
6. 在输入字符串时，gets 函数与 scanf 函数有什么区别？
7. 在输出字符串时，puts 函数与 printf 函数有什么区别？

第 10 章 结构体、共用体和枚举

本章主要介绍三种数据类型——结构体、共用体和枚举。结构体和共用体是构造类型，枚举是基本类型。结构体是由不同类型的数据所构成的集合，用来描述简单类型无法描述的复杂对象。共用体是一种"可变身份"的数据类型，可以在不同时刻在同一存储单元内存放不同类型的数据。枚举类型就是将该类型变量的所有取值一一列出，变量的值只能是列举范围中的某一个。

10.1 结 构 体

在实际应用中，经常需要把不同类型的数据组织在一起，构成一个整体。例如要统计员工的个人信息，个人信息作为一条记录应该包括姓名、性别、年龄、身高、电话号码和 Email 等。这些数据具有不同的类型，姓名是字符串，性别是字符，年龄是整型，身高是实型，电话号码和 Email 是字符串。如果将它们分别定义为独立的变量，就反映不出来彼此之间的关系。因此 C 语言提供了一种构造类型，即结构体类型，它的作用是可以表示一组不同类型数据的集合。

结构体中所含成员（数据项）的数量是确定的，即结构体的大小不能改变，这一点与数组相似；但组成一个结构体的各成员类型可以不同，这是结构体与数组的本质区别。

10.1.1 结构体类型的定义

结构体类型定义的一般形式为：

```
struct 结构体名
{
   类型名 1 成员名 1;
   类型名 2 成员名 2;
   …
   类型名 n 成员名 n;
};
```

其中：struct 是保留字，是定义结构体类型的标志。

结构体名是一个标识符，其命名规则同变量名。

"struct 结构体名"是结构体类型名，它和系统已定义的标准类型（如 int、float 和 char 等）一样可以用来作为定义变量的类型。

类型名 1~n 说明了结构体成员的数据类型。

成员名 1~n 为用户定义的一个或多个结构体成员的名称，其命名规则同变量名。多个同类型的成员彼此用逗号分隔。

注意：结构体类型的定义是以分号（;）结尾的。

例如：

```
struct person
{
    char name[16];
    char sex;
    int age;
    float height;
    char telephone[12];
    char email[30];
};
```

表示定义了一个名为 struct person 的结构体类型，成员有：字符数组 name、字符型的 sex、整型的 age、实型的 height、字符数组 telephone 和字符数组 email。

再如：

```
struct date
{
    int year;
    int month;
    int day;
};
```

表示定义了一个名为 struct date 的结构体类型，成员名有：year、month 和 day。由于该结构体成员的类型相同，因此，struct date 结构体类型的定义也可写成：

```
struct date
{
    int year, month, day;
};
```

又如：

```
struct student
{
    long number;
    char name[16], sex;
    float score[4];
};
```

表示定义了一个名为 struct student 的结构体类型，成员有：长整型的 number，字符数组 name，字符型的 sex 和浮点型数组 score。

注意：同一结构体的成员不能重名；不同结构体的成员可以重名；结构体成员和程序中的其他变量可以重名。

10.1.2 结构体变量的定义

结构体类型的定义只是指出了该结构体的组成情况，表明存在此种类型的结构模型。该结构体类型中不能存放具体的数据，系统也不会为它分配实际的存储单元。如果要在程序中使用结构体类型的数据，必须在定义结构体类型之后，再定义结构体变量。一旦定义了结构体变量，就可以对其中的成员进行各种运算。结构体变量的定义方式有以下三种：

1. 先定义结构体类型，再定义结构体变量

若事先已定义了结构体类型，那么只需再用下面的格式定义结构体变量：

　　结构体类型名　结构体变量名表；

例如：
```
struct student
{
    long number;
    char name[16], sex;
    float score[4];
};
struct student stu1, stu2;
```

上述定义中，stu1，stu2 同为 struct student 类型变量，具有 struct student 类型结构，在计算机中存储时各占 37 个字节的内存单元，如图 10-1 所示。

图 10-1　结构体变量的存储结构

用此结构体类型，可以定义更多该类型的结构体变量。

提示：结构体变量 stu1，stu2 各占 37 个字节的内存单元，这是在 Turbo C 和 Borland C 环境中的运行结果，如果在 Visual C/C++环境中运行，得到的结果将是 40 个字节。这是由于 VC 为了提高 CPU 的存储速度，对一些变量的起始地址做了"对齐"处理。在默认情况下，VC 规定结构体各成员存放的起始地址相对于结构体变量的起始地址的偏移量必须为该成员类型所占用的字节数的倍数。

下面列出常用类型的对齐方式（VC6.0，32 位系统）：

类型　　对齐方式（变量存放的起始地址相对于结构体的起始地址的偏移量）
char　　偏移量必须为 sizeof(char)即 1 的倍数
short　　偏移量必须为 sizeof(short)即 2 的倍数
int　　　偏移量必须为 sizeof(int)即 4 的倍数
long　　偏移量必须为 sizeof(long)即 4 的倍数
float　　偏移量必须为 sizeof(float)即 4 的倍数
double　偏移量必须为 sizeof(double)即 8 的倍数

各成员在存放时，根据其在结构体中出现的顺序依次申请空间，同时按照上面的对齐方式调整位置，空缺的字节 VC 会自动填充。同时 VC 为了确保结构体变量占用内存的大小为结构体的字节边界数（即该结构体中占用最大空间的类型所占用的字节数）的倍数，在为最后一个成员变量申请空间后，还会根据需要自动填充空缺的字节。

看下面的例子：
struct mystruct
{
　　double dd;
　　char cc;
　　int ii;
};
struct mystruct m1;

为结构体变量 m1 分配空间时，VC 根据各成员出现的顺序和对齐方式，先为第一个成员 dd 分配空间，其起始地址与结构体的起始地址相同（偏移量 0，刚好为 sizeof(double)=8 的倍数），该成员占用 8 个字节。接下来为第二个成员 cc 分配空间，这时下一个可以分配的地址相对于结构体起始地址的偏移量为 8，是 sizeof(char)=1 的倍数，所以把 cc 存放在偏移量为 8 的地方满足对齐方式，该成员变量占用 1 个字节。接下来为第三个成员 ii 分配空间，这时下一个可以分配的地址相对于结构体起始地址的偏移量为 9，不是 sizeof(int)=4 的倍数，为了满足对齐方式对偏移量的约束问题，VC 自动填充 3 个字节，这时下一个可以分配的地址相对于结构体起始地址的偏移量为 12，刚好是 4 的倍数，所以把 ii 存放在偏移量为 12 的地方，该成员变量占用 4 个字节。这时整个结构体的成员变量已经都分配了空间，总的占用空间大小为：8+1+3+4=16，刚好为结构体的字节边界数（即结构体中占用最大空间的类型所占用的字节数）8 的倍数，所以没有空缺的字节需要填充。

整个结构体变量所占用内存的大小为：sizeof(mystruct)=8+1+3+4=16，其中有 3 个字节是 VC 自动填充的，没有放任何有意义的东西。

再看个例子，交换一下 struct mystruct 的成员变量的位置，使它变成下面的情况：
struct mystruct
{
　　char cc;
　　double dd;
　　int ii;
};
struct mystruct m2;

为结构体变量 m2 分配空间时，先为第一个成员 cc 分配空间，此时偏移量为 0，满足对齐方式，cc 占用 1 个字节。接下来为第二个成员 dd 分配空间，这时下一个可用地址的偏移量为 1，不是 sizeof(double)=8 的倍数，需要补足 7 个字节才能使偏移量变为 8，以满足对齐方式，因此 VC 自动填充 7 个字节，cc 存放在偏移量为 8 的地址上，它占用 8 个字节。接下来为第三个成员 ii 分配空间，这时下一个可用地址的偏移量为 16，是 sizeof(int)=4 的倍数，满足对齐方式，所以不需要 VC 自动填充，ii 存放在偏移量为 16 的地址上，它占用 4 个字节。这样所有成员变量都分配了空间，空间总的大小为 1+7+8+4=20，不是结构体的字节边界数（即结构体中占用最大空间的类型所占用的字节数 sizeof(double)=8）的倍数，所以需要填充 4 个字节，以满足结构体字节边界数 8 的倍数。

这样，整个结构体变量所占用内存的大小为：sizeof(mystruct)=1+7+8+4+4=24，其中总的有7+4=11个字节是VC自动填充的，没有放任何有意义的东西。

2. 在定义结构体类型的同时定义结构体变量

一般格式为：

struct 结构体名
{
　　类型名1 成员名1;
　　类型名2 成员名2;
　　…
　　类型名n 成员名n;
} 结构体变量名表;

例如：
struct person
{
　　char name[16];
　　char sex;
　　int age;
　　float height;
　　char telephone[12];
　　char email[30];
} per1, per2, per3; /*定义per1, per2, per3为struct person类型变量*/
用此结构体类型，同样可以定义更多该类型的结构体变量。

3. 直接定义结构体变量

定义形式为：

　　struct
　　{
　　　类型名1 成员名1;
　　　类型名2 成员名2;
　　　…
　　　类型名n 成员名n;
　　} 结构体变量名表;

即在关键字struct后省略了结构体名。

例如：
struct person
{
　　char name[16];
　　char sex;
　　int age;
　　float height;
　　char telephone[12];

```
        char email[30];
} per1, per2, per3;          //定义 per1, per2, per3 为结构体变量
```
这种方法由于无法记录该结构体类型，所以除直接定义外，不能再定义该类型的结构体变量。

关于结构体的说明：

（1）结构体类型与结构体变量是不同的概念，注意区分。系统可以对变量赋值、存取、运算，对类型则不能。编译时，系统只对变量分配存储空间，对类型则不分配。

（2）结构体中的成员也可以是一个结构体变量，即结构体的嵌套。

例如：
```
struct date
{
    int year, month, day;
};
struct student
{
    long number;
    char name[16], sex;
    struct date birthday;    // birthday 是 struct date 类型的结构体变量
    float score[4];
};
struct student stu1;
```
若 struct date 类型事先没有定义，则上例应写为：
```
struct student
{
    long number;
    char name[16], sex;
    struct date
    {
        int year, month, day;
    } birthday;
    float score[4];
};
struct student stu1;
```
上述定义中，结构体变量 stu1 存储结构如图 10-2 所示。

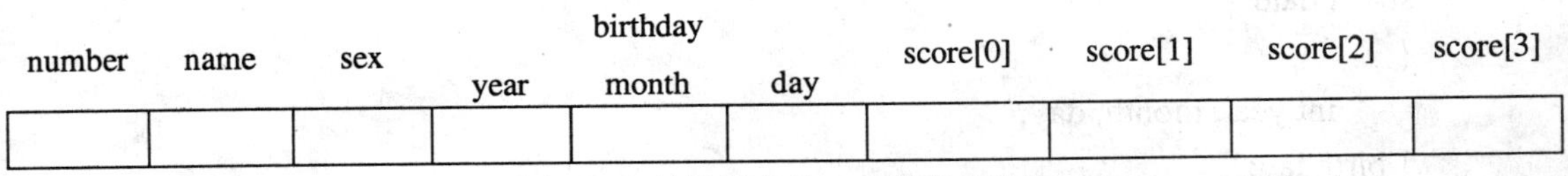

number	name	sex	birthday			score[0]	score[1]	score[2]	score[3]
			year	month	day				

图 10-2 结构体变量 stu1 的存储结构

10.1.3　结构体类型变量的初始化和引用

同其他类型变量一样，在对结构体变量进行定义时可以对它进行初始化。由于结构体成员可以具有不同的类型，所以各个初值必须与相应成员保持类型一致或兼容。在结构体变量被定义后，可以在程序中引用它。通常对结构体变量的使用是通过引用它的成员实现的。

1. 结构体变量的初始化

结构体变量初始化的一般格式为：

　　　　　　　　struct　结构体名　结构体变量名　= {初始化数据表};

例如：

```
struct student
{
    long number;
    char name[16], sex;
    struct date
    {
        int year, month, day;
    } birthday;
    float score[4];
};
struct student stu1 = {101, "WuLin", 'F', 1978, 6, 22, 84, 95.5, 79, 97};
```

初始化后，变量 stu1 的内容如图 10-3 所示。

| number | name | sex | birthday | | | score[0] | score[1] | score[2] | scroe[3] |
			year	month	day				
101	WuLin	F	1978	6	22	84	95.5	79	97

图 10-3　变量 stu1 初始化后的内容

在对结构体变量进行初始化时，系统是按每个成员在结构体中的顺序——对应赋初值的。若只对部分成员进行初始化，则只能给前面的若干成员赋值，而不允许跳过前面的成员给后面的成员赋值。

例如：

```
struct student
{
    long number;
    char name[16], sex;
    struct date
    {
        int year, month, day;
    } birthday;
    float score[4];
```

};
struct student stu1 = {102, " LiFei"};

初始化后，变量 stu1 的内容如图 10-4 所示。

number	name	sex	birthday			score[0]	score[1]	score[2]	scroe[3]
			year	month	day				
102	LiFei	\0	0	0	0	0	0	0	0

图 10-4　变量 stu1 部分成员初始化后的内容

由图 10-4 可知，对于未进行初始化的成员，若为数值型数据，系统自动赋初值为 0；若为字符型数据，系统自动赋初值'\0'。

2. 结构体变量的引用

引用结构体变量的一般方式为：

结构体变量名.成员名

其中："."为结构体成员运算符。

例如：stu1.number 表示对 stu1 变量中的 number 成员的引用。

引用结构体变量时应注意以下规则：

（1）不能将结构体变量作为一个整体进行输入和输出。例如，不能用下述语句对结构体变量进行输入输出。

scanf("%ld%s%c%d%d%d%f%f%f%f", &stu1);
printf("%ld, %s, %c, %d, %d, %d, %.2f, %.2f, %.2f, %.2f\n", stu1);

但可以对结构体变量的成员进行全部或部分输入和输出。例如：

scanf("%ld%s%f", &stu1.number, &stu1.name, &stu1.score[0]);
printf("%ld, %s, %.2f\n", stu1.number, stu1.name, stu1.score[0]);

（2）内嵌结构体成员的引用，必须逐层使用成员名定位，直到最底层的成员。例如：结构体变量 stu1 中对成员 year 的引用方式为：stu1.birthday.year。

（3）若结构体中的成员是字符型数组时，可对其进行直接引用。例如：对 stu1 中 name 的引用可写成：stu1.name。

（4）若结构体中的成员是数值型数组时，则对该数组成员的引用，应为对该数组元素的引用。例如：对 stu1 中 score 数组成员的引用可写成：stu1.score[0]、stu1.score[1]、stu1.score[2] 和 stu1.score[3]。

对于结构体变量中的每个成员，可以像普通变量一样进行该类型变量所允许的任何操作。例如成员变量 stu1.name 是字符数组，可以对它进行字符串所允许的任何操作，包括输入、输出等。同样对于成员中的数组元素也可按该类型的数组元素进行操作。例如：

```
scanf("% s ", stu1.name);           // 对结构体成员 name 赋值
for (i = 0; i < 4; i++)
    scanf("% f ", &stu1.score[i]);  // 对结构体数组成员 score 赋值
stu1.number++;                       // 结构体成员 number 自增运算
-- stu1.number;                      // 结构体成员 number 自减运算
```

```
stu1.sex = getchar( );            // 结构体成员作赋值运算
stu1.sex = 'F';
stu1.birthday.year = 1962;
```

3. 结构体变量的整体赋值

虽然结构体变量不能整体输入和输出，但相同类型的结构体变量之间可以直接整体赋值。实质上是两个结构体变量相应的存储空间中的所有数据直接拷贝。

例如：

```
struct student
{
    long number;
    char name[16], sex;
    struct date
    {
        int year, month, day;
    } birthday;
    float score[4];
};
struct student stu1, stu2 = {101, "WuLin", 'F', 1978, 6, 22, 84, 95.5, 79, 97};

stu1 = stu2;      // 直接赋值
printf("%ld, %s, %c, %d, %d, %d, %.2f, %.2f, %.2f, %.2f\n", stu1.number, stu1.name,
stu1.sex, stu1.birthday.year, stu1.birthday.month, stu1.birthday.day, stu1.score[0], stu1.score[1],
stu1.score[2], stu1.score[3]);
```

10.1.4　结构体数组

一个结构体变量一次只能存放一组数据如某一个学生的信息，若有某班学生的信息需要存放、运算，这时就应该使用结构体数组了。在结构体数组中，每一个数组元素都是一个结构体类型的变量。

例如：

```
struct student
{
    long number;
    char name[16], sex;
    struct date
    {
        int year, month, day;
    } birthday;
    float score[4];
};
struct student stu[3];
```

以上定义了一个类型为 struct student 的结构体数组 stu，该数组共有 3 个元素，且结构体数组元素将在内存中连续存放。其数组元素各成员的引用形式为：

stu[0].number、stu[0].name、stu[0].sex、stu[0].birthday.year、stu[0].birthday.month、stu[0].birthday.day、stu[0].score[0]、stu[0].score[1]、stu[0].score[2]和 stu[0].score[3];

stu[1].number、stu[1].name、stu[1].sex、stu[1].birthday.year、stu[1].birthday.month、stu[1].birthday.day、stu[1].score[0]、stu[1].score[1]、stu[1].score[2]和 stu[1].score[3];

stu[2].number、stu[2].name、stu[2].sex、stu[2].birthday.year、stu[2].birthday.month、stu[2].birthday.day、stu[2].score[0]、stu[2].score[1]、stu[2].score[2]和 stu[2].score[3];

结构体数组也可以直接定义。

例如：

```
struct student
{
    long number;
    char name[16], sex;
    struct date
    {
        int year, month, day;
    } birthday;
    float score[4];
} stu[3];
```

或

```
struct
{
    long number;
    char name[16], sex;
    struct date
    {
        int year, month, day;
    } birthday;
    float score[4];
} stu[3];
```

结构体数组的初始化方式也与一般数组的初始化一样。

例如：

```
struct student stu[3] = {
        {101, "WuLin", 'F', 1978, 6, 22, 84, 95.5, 79, 97},
        {102, "LiMing", 'F', 1978, 11, 30, 80.7, 77, 74, 88},
        {103, "ChenCen", 'M', 1979, 2, 16, 96, 65, 87, 69.4}};
```

初始化后，结构体数组 stu 的内容如图 10-5 所示。

	number	name	sex	birthday year	month	day	score[0]	score[1]	score[2]	scroe[3]
stu[0]	101	WuLin	F	1978	6	22	84	95.5	79	97
stu[1]	102	LiMing	F	1978	11	30	80.7	77	74	88
stu[2]	103	ChenCen	M	1979	2	16	96	65	87	69.4

图 10-5　结构体数组 stu 初始化后的内容

【例 10.1】设某班有 N 名学生，每个学生的数据包括学号、姓名、性别、年龄和平均成绩。要求输入任意一个学号，输出该学生的所有数据。

分析：检索就是从一组数据中找出所需要的具有某种特征的数据项。最简单的检索方法是顺序检索。它是从所存储的数据第一项开始，依次与所要检索的数据进行比较，直到找到该数据或将全部数据找完还没有找到该数据为止。

编程如下：

```c
#include <stdio.h>
#define N 10

struct Student                    // 定义结构体类型
{
    long number;
    char name[16], sex;
    int age, aver;
};

void main( )
{
    int s, t = -1;
    long xuehao;
    struct Student stu[N];        // 定义结构体数组

    printf("Please input %d students' information as follows:\n", N);
    printf("Number Name Sex Age Aver\n");

    for (s = 0; s < N; s++)       // 为结构体数组元素赋值
    {
        printf("Please input %dth student's information:\n", s+1);
        scanf("%ld%s%*c%c%d%d",&stu[s].number, stu[s].name, &stu[s].sex, &stu[s].age, &stu[s].aver);
    }
```

```
        printf("Please input the searched student's number:\n");
        scanf("%ld", &xuehao);

        for (s = 0; s < N; s++)              // 检索所需数据
            if (xuehao == stu[s].number)
            {
                t = s;
                break;
            }

        if (t != -1)                          // 输出检索结果
            printf("%ld   %s   %c   %d   %d\n",stu[t].number, stu[t].name, stu[t].sex, stu[t].age, stu[t].aver);
        else
            printf("The searched student is not existent!\n");
}
```
程序运行过程和输出结果如下：

Please input 10 students' information as follows:
Number Name Sex Age Aver
Please input 1th student's information:
1000 LiuFen F 27 89✓
Please input 2th student's information:
1001 ZhangYan M 28 70✓
……
Please input 10th student's information:
1009 YangQingShuang F 26 85✓
Please input the searched student's number:
1009✓
1009 YangQingShuang F 26 85

10.1.5 结构体指针

结构体变量被定义后，系统会为其在内存中分配一片连续的存储单元。该片存储单元的起始地址就称为该结构体变量的指针。如果定义一个指针变量来存放这个地址，即让一个指针变量指向结构体变量，就可以通过该指针变量来引用结构体变量。

结构体指针变量的定义形式为：

 struct 结构体名 *结构体指针变量名表；

其中："struct 结构体名"是已经定义的结构体类型名。

```
struct student
{
```

```
        long number;
        char name[16], sex;
        struct date
        {
            int year, month, day;
        } birthday;
        float score[4];
};
struct student stu1, *p;
p = &stu1;
```

上述定义中，stu1 是 struct student 类型的结构体变量，p 是指向该类型变量的指针变量，赋值语句"p = &stu1;"的作用是将结构体变量 stu1 的地址给变量 p，使指针变量 p 指向变量 stu1。这样，就可以利用指针变量 p 来间接访问结构体变量 stu1 的各个成员。

使用结构体指针变量引用结构体变量成员的形式有：

（1）(*结构体指针变量名).成员名。其中"*结构体指针变量名"表示指针变量所指的结构体变量。

（2）结构体指针变量名->成员名。其中"->"为指向结构体成员运算符，具有最高的优先级，自左向右结合。

上面的例子中，stu1.number、(*p).number 与 p->number 等效。

【例 10.2】结构体指针变量的使用。

编程如下：

```
#include <stdio.h>

struct Student
{
    long number;
    char name[16], sex;
    int age, aver;
};

void main()
{
    struct Student xuesh = {1009, "YangQingShuang", 'F', 26, 85};
    struct Student *p = &xuesh; // 定义指向结构体变量的指针变量并初始化

    printf("(1) Number: %ld   Name: %s   Sex: %c   Age: %d   Aver: %d\n",xuesh.number, xuesh.name, xuesh.sex, xuesh.age, xuesh.aver);
    printf("(2) Number: %ld   Name: %s   Sex: %c   Age: %d   Aver: %d\n", (*p).number, (*p).name, (*p).sex, (*p).age, (*p). aver);
    printf("(3) Number: %ld   Name: %s   Sex: %c   Age: %d   Aver: %d\n", p->number,
```

p->name, p->sex, p->age, p-> aver);
}

程序运行过程和输出结果如下：
(1) Number:_1009__Name:_YangQingShuang__Sex:_F__Age:_26__ Aver: _85
(2) Number:_1009__Name:_YangQingShuang__Sex:_F__Age:_26__ Aver: _85
(3) Number:_1009__Name:_YangQingShuang__Sex:_F__Age:_26__ Aver: _85

10.1.6　结构体作为函数参数

把结构体传递给函数有三种方法:用结构体变量的成员作函数参数，用整个结构体变量作函数参数，以及用指向结构体变量（或结构体数组）的指针作函数参数。

1. 结构体变量的成员作函数参数

结构体变量的成员作函数参数与普通变量作函数参数一样，是一种值传递。

2. 结构体变量作函数参数

【例 10.3】将例 10.2 中打印输出的部分改由结构体变量作参数的函数实现。
编程如下：

```c
#include <stdio.h>

struct Student
{
    long number;
    char name[16], sex;
    int age, aver;
};

void print(struct Student t);

void main()
{
    struct Student xuesh = {1009, "YangQingShuang", 'F', 26, 85};

    print(xuesh);    // 调用 print 函数打印输出
}

void print(struct Student t)
{
    printf("Number: %ld   Name: %s   Sex: %c   Age: %d   Aver: %d\n",t.number, t.name, t.sex, t.age, t.aver);
}
```

程序运行过程和输出结果如下：
Number:_1009__Name:_YangQingShuang__Sex:_F__Age:_26__ Aver: _85

提示：用结构体变量作函数参数是一种多值传递，需要对整个结构体做一份拷贝，效率低。

3. 结构体指针作函数参数

【例 10.4】将例 10.2 中打印输出的部分改由结构体指针作参数的函数实现。
编程如下：

```c
#include <stdio.h>

struct Student
{
    long number;
    char name[16], sex;
    int age, aver;
};

void print(struct Student *p);

void main()
{
    struct Student xuesh = {1009, "YangQingShuang", 'F', 26, 85};

    print(&xuesh);    // 调用 print 函数打印输出
}

void print(struct Student *p)
{
    printf("(1) Number: %ld   Name: %s   Sex: %c   Age: %d   Aver: %d\n",(*p).number, (*p).name, (*p).sex, (*p).age, (*p).aver);
    printf("(2) Number: %ld   Name: %s   Sex: %c   Age: %d   Aver: %d\n",p->number, p->name, p->sex, p->age, p->aver);
}
```

程序运行过程和输出结果如下：
(1) Number:⌴1009⌴⌴Name:⌴YangQingShuang⌴⌴Sex:⌴F⌴⌴Age:⌴26⌴⌴ Aver:⌴85
(2) Number:⌴1009⌴⌴Name:⌴YangQingShuang⌴⌴Sex:⌴F⌴⌴Age:⌴26⌴⌴ Aver:⌴85
提示：用结构体指针变量作函数参数是一种地址传递，效率高。

10.2 共用体

结构体变量解决了一组不同类型数据的存储问题，但在实际应用中，有时同一组具有不同类型的数据并不是同时使用的，如果它们独占存储单元，势必造成内存的浪费。为此 C 语言提供了另一种构造类型——共用体，它将不同的数据项组织成一个整体，这些数据项在内存中占用同一段存储单元。

10.2.1 共用体类型的定义

共用体类型定义的一般形式为:
union 共用体名
{
    类型名 1 成员名 1;
    类型名 2 成员名 2;
    …
    类型名 n 成员名 n;
};

其中：union 是保留字，是定义共用体类型的标志。

共用体名是一个标识符，其命名规则同变量名。

"union 共用体名"是共用体类型名，它和系统已定义的标准类型（如 int、float 和 char 等）一样可以用来作为定义变量的类型。

类型名 1~n 说明了共用体成员的数据类型。

成员名 1~n 为用户定义的一个或多个共用体成员的名称，其命名规则同变量名。多个同类型的成员彼此用逗号分隔。

注意：共用体类型的定义是以分号（;）结尾的。

例如：
union u_tag
{
    int i;
    float f;
    char c;
};

表示定义了一个名为 u_tag 的共用体类型，成员名为 i、f 和 c。

10.2.2 共用体变量的定义

定义了共用体类型之后，就可以定义共用体变量。和结构体变量的定义形式相似，共用体变量的定义也有三种方式：

1. 先定义共用体类型，再定义共用体的变量

定义形式为：
    union 共用体名
    {
        类型名 1 成员名 1;
        类型名 2 成员名 2;
        …
        类型名 n 成员名 n;
    };

union 共用体名 共用体变量名表;
例如:
union u_tag
{
    int i;
    float f;
    char c;
};
union u_tag u1, u2;

2. 在定义共用体类型的同时定义共用体的变量

定义形式为:
union 共用体名
{
    类型名1 成员名1;
    类型名2 成员名2;
    …
    类型名n 成员名n;
} 共用体变量名表;

例如:
union u_tag
{
    int i;
    float f;
    char c;
} u1, u2;

3. 直接定义共用体类型的变量

定义形式为:
    union
    {
        类型名1 成员名1;
        类型名2 成员名2;
        …
        类型名n 成员名n;
    } 共用体变量名表;

即在关键字 union 后省略了共用体名。
例如:
union
{
    int i;
    float f;

　　　　char c;
　} u1, u2;
"共用体"与"结构体"的定义形式相似，但它们的含义是不同的。

　结构体变量所占用的存储空间是各成员所占存储空间之和。每个成员分别占有自己的内存单元，相互之间不发生重叠。

　共用体变量的存储空间由系统按照它各成员中所占存储空间最大者分配。上例中定义的共用体变量 u1、u2 各占 4 个字节（因为在三个成员中浮点型变量 f 所占存储空间最长），而不是各占 2+4+1=7 个字节。三个成员共同使用这 4 个字节的内存区，成员之间相互重叠。虽然同一个内存区可以用来存放几种不同类型的成员，但在每一时刻只能存放其中一个成员，而不是同时存放几个成员。换句话说，每一时刻只有一个成员起作用，其他成员不起作用，并不是所有成员同时存在和起作用。

10.2.3　共用体变量的引用

共用体变量的引用方式与结构体变量的引用方式类似，有以下三种：

1. 共用体变量名.成员名

例如：

u1.i = 100;

2. (*指针变量名).成员名

其中"*指针变量名"表示指针变量指向的共用体变量。

例如：

union u_tag *pu;

pu = &u1;

(*pu).i = 100;

由于共用体变量中各成员的起始地址都是相同的，所以&u1、&u1.i、&u1.f、&u1.c 都有相同的结果。

3. 指针变量名–>成员名

例如：

union u_tag *pu;

pu = &u1;

pu->i = 100;

注意：

（1）如果对一个共用体变量的不同成员分别赋予不同的值，则只有最后一个被赋值的成员起作用，它的值及其属性就完全代表了当前该共用体变量的值及属性。

例如：

u1.i = 100;

u1.f = 31.6;

u1.c = 'a';

printf("%d %5.2f %c", u1.i, u1.f, u1.c);

输出结果中只有成员 c 具有确定的值 'a'，而成员 i 和 f 都被覆盖掉了，它们的值是不可预料的。

（2）与结构体变量一样，不能直接用共用体变量名进行输入输出操作。

例如：

scanf("%d", &u1);

printf("%d", u1);

都是错误的。

（3）C语言允许在两个类型相同的共用体变量之间进行赋值运算。

例如：

u1.i = 100;

u2 = u1;

printf("%d", u2.i);

输出结果为 100。

（4）共用体变量也可以进行初始化，但只是对其第一个成员进行初始化，不能对其所有成员都赋初值。

例如：

```
union u_tag
{
    int i;
    float f;
    char c;
} u1 = {100};
```

那么就把 u1 的第一个成员 i 初始化为 100。

下面的初始化形式是错误的：

union u_tag u2 = {100, 31.6, 'a'};

【例 10.5】某学校的人员信息表中学生的信息包括编号、姓名、性别、年龄、标志和班级等，教师的信息包括编号、姓名、性别、年龄、标志和职务等。现利用共用体的特点，编写一个程序，输入并输出该表中的信息。

编程如下：

```
#include <stdio.h>
#define N 30

union Category
{
    long stu_class;          // 班级
    char tea_position[20];   // 职务
};

struct Person
{
    long id;
    char name[16];
```

```c
    char sex;
    int age;
    char flag;      // 标志
    union Category cp;
};

void main()
{
    struct Person st[N];
    int i;

    printf("Please input %d persons' information as follow: \n", N);
    printf("Id Name Sex Age Flag \n");

    for (i = 0; i < N; i++)
    {
        printf("Please input %dth person's information: \n", i+1);
        scanf("%ld%s%*c%c%*c%d%*c%c", &st[i].id, st[i].name, &st[i].sex, &st[i].age, &st[i].flag);
        if (st[i].flag == 'S')
        {
            printf("Please input the student's class information: ");
            scanf("%ld", &st[i].cp.stu_class);
        }
        else if (st[i].flag == 'T')
        {
            printf("Please input the teacher's position information: ");
            scanf("%s", st[i].cp.tea_position);
        }
        else
            printf("Input    Error!\n");
    }

    printf("\nId         Name              Sex Age Flag class/position\n");

    for (i = 0; i < N; i++)
        if (st[i].flag == 'S')
            printf("%-10ld%-17s%-4c%-4d%-5c%-22ld\n", st[i].id, st[i].name, st[i].sex, st[i].age, st[i].flag, st[i].cp.stu_class);
        else
```

                    printf("%-10ld%-17s%-4c%-4d%-5c%-22s\n", st[i].id, st[i].name, st[i].sex, st[i].age, st[i].flag, st[i].cp. tea_position);
        }

程序运行过程和输出结果如下：
Please input 3 person's information as follow:
Id Name Sex Age Flag
Please input 1th person's information:
5101 WangLi F 20 S
Please input the student's class information: 200651
Please input 2th person's information:
5102 LiFang M 19 S
Please input the student's class information: 200651
Please input 3th person's information:
624 ZhangHua F 45 T
Please input the teacher's position information: Prof.

Id	Name	Sex	Age	Flag	class/position
5101	WangLi	F	20	S	200651
5102	LiFang	M	19	S	200651
624	ZhangHua	F	45	T	Prof.

程序中，结构体中嵌套了一个共用体类型成员 cp。同样，共用体中也可以嵌套结构体类型成员。

10.3 链表

10.3.1 链表的概念

链表是 C 语言中很容易实现而且非常有用的数据结构。图 10-6 表示了最简单的一种链表（单向链表）的结构。

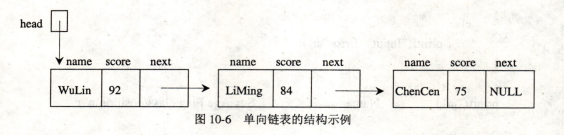

图 10-6　单向链表的结构示例

由图 10-6 可见，链表是若干个同样类型的元素通过依次串接方式构成的一种动态数据结构。链表中的每一个元素称为"节点"，每个节点都由两部分组成：一部分是程序中用到的数据，另一部分是用来链接下一个节点的指针。而链尾节点中链接指针的值是 NULL，表示该链表到此为止。在每个链表中都有一个"头指针"变量，图中以 head 表示，它指向链表中的头一个节点。链表中的每个节点都通过链接指针与下一个节点相连。这样，从 head 开始，就可以将整个链表中的所有节点都访问一遍。

链表有若干种形式，如单向链表、双向链表和循环链表等，本节以单向链表为例介绍对链表的基本操作知识。

10.3.2 用指针和结构体实现链表

由图 10-6 可以看到，链表这种数据结构，必须利用指针变量才能实现。即一个节点中应包含一个指针变量，用它来存放下一节点的地址。显然，节点的数据类型是结构体类型，因此节点中包含的指针变量就应是指向结构体类型变量的指针变量。

例如：
```
struct student
{
    char name[16];
    float score;
    struct student *next;
};
```

图 10-6 所示链表中每个节点都属于 struct student 类型，它的成员 next 是指向自身结构体的指针变量，用来存放下一节点的地址。

链表与结构体数组有相似之处：都由若干相同类型的结构体变量组成，结构体变量之间有一定的顺序关系。但二者之间存在很大差别：

其一，结构体数组中各元素是连续存放的。而链表中的节点可以不连续存放；

其二，结构体数组在定义时就确定其元素个数，不能动态增长；而链表的长度往往是不确定的，根据问题求解过程中的实际需要，动态地创建节点并为其分配存储空间。

为了动态地创建一个节点，也就是在需要时才分配一个节点的存储单元，C 语言提供了两个常用的动态分配内存和动态释放内存的函数。

1. 动态分配内存函数 malloc

格式：(数据类型 *) malloc (sizeof(数据类型))

功能：根据字节运算符 sizeof 计算分配给指定数据类型的存储单元字节数，并返回该存储单元的首地址。

例如：
```
int *p;
p = (int *) malloc (sizeof(int));
```
该语句动态分配一个 int 型的存储单元并使指针变量 p 指向它。

又如：
```
struct student
{
    char name[16];
    float score;
    struct student *next;
} *p;
```

p = (struct student *) malloc (sizeof(struct student));

该语句动态分配一个"struct student"结构体类型的存储单元并使指针变量 p 指向它。

2. 动态释放内存函数 free

格式：free (p)

功能：释放由指针变量 p 所指向的存储单元。

例如：

```
struct student
{
    char name[16];
    float score;
    struct student *next;
} *p;
p = (struct student *) malloc (sizeof(struct student));
p->score=73.5;
……;
free (p);   // 释放指针变量 p 指向的存储单元
```

有了以上所介绍的初步知识，下面就可以对链表进行操作了。对链表的操作包括建立链表、遍历链表、删除链表中的节点、将节点插入链表等。

10.3.3 对单向链表的操作

对单向链表的常用操作有建立、显示、插入和删除等。

1. 建立链表

建立链表是指从无到有地建立起一个链表，即一个一个地输入各节点数据，并建立起前后相链接的关系。

【例 10.6】编写一个 create( ) 函数，创建一个节点个数不限的单向链表。

算法分析：可设置三个指针变量：head、newp 和 tail。head（头指针变量）指向链表的首节点，newp 指向新创建的节点，tail 指向链表的尾节点。通过 "tail -> next = newp;" 将新创建的节点链接到链表尾，使之成为新的尾节点。函数如下：

```
#define LEN sizeof(struct student)

struct student
{
    long number;
    char name[20];
    int score;
    struct student *next;
};

int count = 0;
struct student *create( )      // 函数返回一个指向链表首节点的指针
```

```c
{
    struct student *head = NULL,*newp,*tail;

    newp = tail = (struct student *)malloc(LEN); // 创建一个新的节点
    printf("Please input data:\n");
    scanf("%ld%s%d", &newp->number, newp->name, &newp->score);

    while (newp->number != 0)
    {
        count++;        // 节点个数加一
        if (count == 1)
            head = newp;        // head 指向链表的首节点
        else
            tail->next = newp;      // 新创建的节点链接到链表尾
        tail = newp;     // tail 指向新的尾节点
        newp = (struct student *)malloc(LEN);
        scanf("%ld%s%d", &newp->number, newp->name, &newp->score);
    }

    tail->next = NULL;

    return(head);
}
```

2. 显示链表

显示链表是指从链表的首节点开始，依次将节点的数据显示在指定的设备上，直至链表结束。

【例 10.7】编写一个 display( )函数，显示单向链表中所有节点的数据。

算法分析：首先确定链表的首节点。然后判断链表是否为空，如果为空，显示结束；否则，显示当前节点的数据，并移至下一个节点重复执行。函数如下：

```c
void display(struct student *head)
{
    struct student *p = head;

    while (p != NULL)     // 判断链表是否为空
    {
        printf("%ld\t%s\t%d\n", p->number, p->name, p->score);
        p = p->next;    // 移至下一个节点
    }
}
```

3. 将新节点插入链表

假设已有链表节点的顺序是按照节点某个成员数据的大小排序的，新节点仍然按照原来的顺序插入。

【例 10.8】编写一个 insert( )函数，将新节点插入单向链表。设已有链表中各节点是按成员项 number（学号）由小到大顺序排列的。

算法分析：设置四个指针变量：head、newp、p 和 q。head（头指针变量）指向链表的首节点，newp 指向待插入的新节点，p 指向插入位置右相邻的节点，q 指向插入位置左相邻的节点。首先根据新节点的数据找到要插入的位置，然后将新节点与右相邻的节点链接起来，最后将新节点与左相邻的节点链接起来。在查找插入位置时，需要考虑单向链表是否为空两种可能。如果单向链表不为空，则需考虑以下三种不同插入情况：

①插入位置在首节点之前；
②插入位置在尾节点之后；
③插入位置既不在首节点之前，也不在尾节点之后。

函数如下：

```
struct student *insert(struct student *head, struct student *newp)
{
    struct student *p,*q;

    p = q = head;

    if(head == NULL)        // 单向链表为空的情况
    {
        head = newp;        // head 指向新节点，新节点成为链表的首节点
        newp->next = NULL;
    }
    else                    // 单向链表不为空的情况
    {
        while ((newp->number > p->number) && (p->next != NULL))  // 查找插入位置
        {
            q = p;           // q 指向插入位置左相邻的节点
            p = p->next;     // p 指向插入位置右相邻的节点
        }
        if (newp->number <= p->number)
        {
            newp->next = p;              // 新节点与右相邻的节点链接
            if (head == p)               // 插入位置在首节点之前
                head = newp;             // head 指向新的首节点
            else    // 插入位置既不在首节点之前，也不在尾节点之后
                q->next = newp;          // 新节点与左相邻的节点链接
        }
```

```
        else        // 插入位置在尾节点之后
        {
            p->next = newp; // 新节点链接到尾节点之后,成为新的尾节点
            newp->next = NULL;
        }
    }

    count++;        // 节点个数加一

    return (head);
}
```

4. 将已知节点从链表中删除

从一个链表中删除一个节点,并不是真正从内存中把它清除,而是把它从链表中分离出去,即只需改变链接关系。当然,为了给程序腾出更多可用的内存空间,应该释放被删除节点所占用的内存。释放内存空间可利用 free()函数,见例 10.6。

【例 10.9】编写一个 deletep( )函数,将已知节点从单向链表中删除。

算法分析:设置三个指针变量:head、p 和 q。head(头指针变量)指向链表的首节点,p 指向待删除的节点,q 指向待删除的节点左相邻的节点。首先从链表的首节点开始,通过逐个节点的比较寻找待删除的节点。一旦找到,将 q 指向的节点与 p 指向节点的右相邻节点链接,即将 p 指向的节点从链表中删除。函数如下:

```
struct student *deletep(struct student *head, long number)
{
    struct student *p, *q;

    p = q = head;

    while (p->number != number && p->next != NULL)//寻找待删除的节点
    {
        q = p;
        p = p->next;
    }

    if (p->number == number)      // 找到了待删除的节点
    {
        if (p == head)
            head = p->next;    /*若待删除的节点是链表的首节点,使 head 指向第二个节点*/
        else
            q->next = p->next; /*若待删除的节点不是链表的首节点,将待删除节点的左相邻节点与右相邻节点链接*/
```

```
            free(p);     // 释放被删除节点所占用的内存空间
            count--;     // 节点个数减一
        }
        else
            printf("%ld has not been found!\n", number);   /*找不到待删除的节点*/

        return (head);
}
```

10.4 枚举

所谓"枚举"就是在定义变量时，将它所有可能的取值都一一列举出来。当一个变量只可能取某些特定的值时，就可将该变量定义为枚举类型变量。

与结构体和共用体一样，枚举也要先定义枚举类型，再定义该枚举类型的变量。

枚举类型定义的一般形式为：

enum 枚举名{元素名 1，元素名 2，…，元素名 n}；

其中：enum 是保留字，是定义枚举类型的标志。

枚举名是一个标识符，其命名规则同变量名。

"enum 枚举名"是枚举类型名，它和系统已定义的标准类型（如 int、float 和 char 等）一样可以用来作为定义变量的类型。

元素名 1～n 一一列出了该枚举类型数据所有可能的取值。

例如：

enum weekdays {Sun, Mon, Tue, Wed, Thu, Fri, Sat};

表示定义了一个名为 enum weekdays 的枚举类型，同时列出了 7 个它可能的取值。

enum flags {male, female};

表示定义了一个名为 enum flags 的枚举类型，同时列出了 2 个它可能的取值。

枚举变量定义的一般形式为：

enum 枚举名 枚举变量名表；

例如：

enum weekdays   workday, holiday;

表示定义 workday 与 holiday 为 enum weekdays 类型的枚举变量，workday 与 holiday 的值是枚举元素 Sun、Mon、Tue、Wed、Thu、Fri 和 Sat 中的一个，不可能是其他的值。

enum flags x, y, z;

表示定义 x、y 和 z 为 enum flags 类型的枚举变量，x、y 和 z 的值是枚举元素 male 和 female 中的一个，不可能是其他的值。

注意：系统把枚举元素作为符号常量处理，常称为枚举常量。枚举常量的起始值一般从 0 开始，依次增 1。例如 Sun、Mon、Tue、Wed、Thu、Fri 和 Sat 这 7 个枚举元素的值分别是 0、1、2、3、4、5、6。由于不是变量，所以不能对枚举元素赋值。

枚举变量可以参与赋值和与关系两种运算。

枚举常量可直接赋给枚举变量，同类型的枚举变量之间可以相互赋值。
例如：
enum weekdays {Sun, Mon, Tue, Wed, Thu, Fri, Sat};
enum weekdays workday1, workday2;
workday1 = Mon;   // 将枚举常量 Mon 赋给枚举变量 workday
workday2 = workday1;   // 枚举变量 workday1 赋给 workday2
枚举变量可以和枚举常量进行关系比较，同类型的枚举变量之间也可以进行关系比较，枚举变量之间的关系比较是对其序号值进行的。
例如：
workday1 = Sun;   // worday1 中枚举常量 Sun 的序号值为 0
workday2 = Mon;   // workday2 中枚举常量 Mon 的序号值为 1
if (workday2 > workday1) workday2 = workday1;
if (workday1 > Sat) workday1 = Sat;
workday2 与 workday1 的比较，实际上是其元素 Mon 与 Sun 序号值 1 与 0 的比较，由于 1>0 成立，所以 workday2 > workday1 条件为真，workday2 = workday1 = Sun。同样由于 workday1 中元素 Sun 的序号值 0 小于 Sat 的序号值 6，所以 workday1 > Sat 条件为假，workday1 的值不变。

【例 10.10】定义一个描述三种颜色的枚举类型{red、blue、green}，输出这三种颜色的全部排列结果。

分析：这是三种颜色的全排列问题，用穷举法即可输出三种颜色的全部 27 种排列结果。

编程如下：

```c
#include <stdio.h>

enum Colors {red, blue, green};
void show(enum Colors color);

void main()
{
    enum Colors col1, col2, col3;

    for (col1 = red; col1 <= green; col1 = enum Colors(int (col1) + 1))
        for (col2 = red; col2 <= green; col2 = enum Colors(int (col2) + 1))
            for (col3 = red; col3 <= green; col3 = enum Colors(int (col3) + 1))
            {
                show(col1);
                show(col2);
                show(col3);
                printf("\n");
            }
}
```

```
    void show (enum Colors color)
    {
        switch (color)
        {
            case red : printf("red");    break;
            case blue : printf("blue");   break;
            case green : printf("green");  break;
        }
        printf("\t");
    }
```

主程序通过三重循环穷举出三种颜色所有的组合。外层 for 循环语句中,用枚举变量 col1 为循环变量,col1 取值从 red 开始到 green 为止,循环变量的自增操作是通过表达式 col1 = enum colors(int (col1) + 1)来实现的,表达式中,先将 col1 转换成整数,然后加 1,再转换成 enum colors 类型的枚举常量赋给 col1 变量。

10.5 综合应用举例(二)

采用链式存储结构建立一个可供查询的有序的学生信息表,每个节点包括学号 sno(字符型 12 位)、姓名 sname(字符型 20 位)、性别 ssex(字符型)、年龄 sage(整型)和院系 sdept(字符型 20 位)。函数 create()的功能是创建一个链表,节点按学号由小到大排列;函数 insert()的功能是在链表中插入一个节点并保持原有的顺序不变;函数 print()的功能是在屏幕上输出所有学生的基本信息;函数 query()的功能是根据用户设定的不同查询条件反复进行查询,查询条件需要指定查询的属性名和属性值。

编程如下:

```c
#include <stdio.h>
#include <string.h>
#include <stdlib.h>

struct Student
{
    char sno[13];
    char sname[21], ssex;
    int sage;
    char sdept[21];
    struct Student *next;
};

struct Student *head = NULL;
```

```c
void insert(struct Student *);
void create ();
void print ();
void query ();

void main ()
{
    Create ();
    Print ();
    Query ();
}

void insert(struct Student *newp)
{
    struct Student *p = head, *q = head;

    if (head == NULL)
    {
        head = newp;
        newp->next = NULL;
    }
    else
    {
        while (strcmp(p->sno, newp->sno) < 0 && p->next != NULL)
        {
            q = p;
            p = p->next;
        }
        if (strcmp(p->sno, newp->sno)>0)
        {
            newp->next = p;
            if (p == head)
                head = newp;
            else
                q->next = newp;
        }
        else if (strcmp(p->sno, newp->sno) == 0)
            printf("Existing the same no,input invalid!\n");
        else
```

```c
            {
                p->next = newp;
                newp->next = NULL;
            }
        }
    }

    void create()
    {
        struct Student *newp;

        newp = (struct Student *)malloc(sizeof(struct Student));
        printf("Please input the students' information(No Name Sex Age Dept):\n");
        scanf("%s%s%*c%c%d%s", newp->sno, newp->sname, &newp->ssex, &newp->sage, newp->sdept);
        while(strcmp(newp->sno, "#") != 0)
        {
            insert(newp);
            newp = (struct Student *)malloc(sizeof(struct Student));
            scanf("%s%s%*c%c%d%s", newp->sno, newp->sname, &newp->ssex, &newp->sage, newp->sdept);
        }
    }

    void print()
    {
        struct Student *p = head;

        while(p != NULL)
        {
            printf("%s %s %c %d %s\n", p->sno, p->sname, p->ssex, p->sage, p->sdept);
            p = p->next;
        }
    }

    void query()
    {
        struct Student *p;
        char name[10], value[21], ch;
        int find;
```

```c
        do
        {
            p = head;
            find = 0;
            printf("Please input the query condition:\n");
            printf("attribute name(no, name, sex, age, dept):");
            scanf("%s", name);
            printf("attribute value:");
            scanf("%s", value);
            if (strcmp(name, "no")  ==   0)
                while(p != NULL)
                {
                    if (strcmp(p->sno, value) == 0)
                    {
                        printf("%s %s %c %d %s\n", p->sno, p->sname, p->ssex, p->sage, p->sdept);
                        find = 1;
                        break;
                    }
                    p = p->next;
                }
            else if (strcmp(name, "name") == 0)
                while(p != NULL)
                {
                    if (strcmp(p->sname, value) == 0)
                    {
                        printf("%s %s %c %d %s\n", p->sno, p->sname, p->ssex, p->sage, p->sdept);
                        find = 1;
                    }
                    p = p->next;
                }
            else if (strcmp(name, "sex") == 0)
                while(p != NULL)
                {
                    if (p->ssex == value[0] && strlen(value) == 1)
                    {
                        printf("%s %s %c %d %s\n", p->sno, p->sname, p->ssex, p->sage, p->sdept);
```

```
                    find = 1;
                }
                p = p->next;
            }
            else if (strcmp(name, "age") == 0)
                while(p != NULL)
                {
                    if (p->sage == atoi(value))
                    {
                        printf("%s %s %c %d %s\n", p->sno, p->sname, p->ssex, p->sage,p->sdept);
                        find = 1;
                    }
                    p = p->next;
                }
            else if(strcmp(name, "dept") == 0)
                while(p != NULL)
                {
                    if (strcmp(p->sdept, value) == 0)
                    {
                        printf("%s %s %c %d %s\n", p->sno, p->sname, p->ssex, p->sage, p->sdept);
                        find = 1;
                    }
                    p = p->next;
                }
            else
                printf("Attribute name is not existent!\n");

            if(!find)
                printf("Cannot find proper record!\n");
            printf("Do you want to query other records(Y or N):");
            scanf("%*c%c", &ch);
        }
        while(ch == 'Y' || ch == 'y');
}
```

程序运行过程和输出结果如下：
Please input the students' information(No Name Sex Age Dept):
0001 LiMing m 18 cs✓
0003 ZhouLan f 18 ma✓

```
###0#↵
0001 LiMing m 18 cs
0003 ZhouLan f 18 ma
Please input the query condition:
attribute name(no,name,sex,age,dept):no↵
attribute value:0003↵
0003 ZhouLan f 18 ma
Do you want to query other records(Y or N):n↵
```

本 章 小 结

本章介绍了结构体、共用体和枚举三种数据类型的概念、定义格式与使用方法。

结构体是由不同类型的数据所构成的集合,用来描述简单类型无法描述的复杂对象。结构体的主要应用是结构体数组和链表等。

共用体可以在不同时刻在同一存储单元内存放不同类型的数据。共用体与结构体的主要区别在于,共用体中的各数据成员占用同一存储区,存储区长度等于各成员占用字节长度最大值。因此,共用体各成员必须互斥的使用。

枚举类型是某种数据可能取值的集合。每一个枚举元素均有一个序号值与之对应,该序号值可以在定义枚举类型时赋给枚举元素,也可取其默认序号,默认序号从 0 开始依次加 1。枚举变量可进行赋值运算与比较运算。

思 考 题

1. 简述结构体类型和结构体变量的区别。
2. 使用结构体指针引用结构体变量有几种方式?
3. 简述结构体和共用体的区别。
4. 什么是链表?
5. 简述枚举类型的特点。

第 11 章　编译预处理

本章介绍了编译预处理的概念和常用的编译预处理命令，如宏定义、文件包含和条件编译等。宏定义可以简化 C 语言源程序的编写，并具有类似函数的功能；文件包含命令可以将其他源文件包含进来，以简化重复编写的工作；条件编译可以编写易移植、易调试的程序。

这三种编译预处理命令是本章介绍的重点，其中带参数的宏定义是本章的难点。要注意编译预处理命令本身并不形成任何 C 代码，它只是为正式的程序编译做准备。

11.1　编译预处理的概念

预处理是指在进行编译的第一遍扫描（词法扫描和语法分析）之前所做的工作，其目的是对程序中的特殊命令作出解释，以产生新的源代码并对其进行正式编译。这些所谓特殊命令就是本章要介绍的编译预处理命令，它是 C 语言所独有的特色，其优点是使程序具有良好的可移植性、可调试性，并改善编程环境。

C 语言的编译预处理命令有三种：宏定义、文件包含和条件编译。

另外，预处理命令必须独占一行，并以符号"#"开始，末尾不必加分号，以表示与一般 C 语句的区别。

11.2　宏定义

在 C 语言源程序中允许用一个标识符来表示一个字符串，称为"宏"。被定义为"宏"的标识符称为"宏名"。在编译预处理时，对程序中所有出现的"宏名"，都用宏定义中的字符串去代换，这称为"宏代换"或"宏展开"。

宏定义是由源程序中的宏定义命令完成的。宏代换是由预处理程序自动完成的。

在 C 语言中，"宏"分为无参数的宏和有参数的宏两种。

11.2.1　不带参数的宏定义

不带参数的宏定义的一般形式为：
#define 宏名 字符串
具体形式参见例 11.1。
【例 11.1】
#include <stdio.h>
#define PI 3.1415926

```
void main( )
{
    float r=3.0;

    printf("area=%f", PI*r*r);
}
```
程序运行结果：
area=28.274333

以上程序中以宏名 PI 来替代常量 3.1415926，注意预处理程序把 3.1415926 看做一个字符串。这样做的好处，一是可以简化程序，二是便于修改。

说明：

（1）宏定义一般写在程序的开头。

（2）宏名的命名规则同变量名，但一般习惯用大写字母，以便引起注意。

（3）宏定义必须写在函数之外，宏名的有效范围是从宏定义开始到本源程序文件结束，或遇到预处理命令#undef 时止（参见例 11.2）。

【例 11.2】
```
#include <stdio.h>
#define PI 3.14159

void main( )
{
    ……
}
#undef PI
f1( )
{
    ……
}
```

宏 PI 的有效范围

（4）宏定义不但可以定义常量，还可以定义 C 语句和表达式等（参见例 11.3）。

【例 11.3】
```
#include <stdio.h>
#define M (y*y+3*y)

void main( )
{
    int s,y;

    printf( " input a number: " );
    scanf( " %d " , &y);
    s=3*M+4*M+5*M;
```

```
        printf("s=%d\n", s);
}
```
若输入:

input a number: 2

程序运行结果:

s=120

上例程序中首先进行宏定义,定义宏名 M 来替代表达式(y*y+3*y)。在编写源程序时,所有需要写(y*y+3*y)的地方都可直接写 M,而对源程序作编译时,将先由预处理程序进行宏代换,即用字符串(y*y+3*y)去替换所有的宏名 M,得到:

s=3*(y*y+3*y)+4*(y*y+3*y)+5*(y*y+3*y);

然后再进行编译。但要注意的是,在宏定义中表达式(y*y+3*y)两边的括号不能少。否则会发生错误。如作以下定义后:

#difine M y*y+3*y

在宏展开时将得到下述语句:

s=3*y*y+3*y+4*y*y+3*y+5*y*y+3*y ;

显然与原题意要求不符。

（5）宏定义允许嵌套,即在宏定义的字符串中可以使用被另一个宏定义所定义过的宏名。在宏展开时由预处理程序层层代换（参见例 11.4）。

【例 11.4】

```
#include <stdio.h>
#define PI 3.14
#define R 30
#define AREA PI*R*R
#define PRN printf("\n");

void main( )
{
   printf("%lf", AREA); /*宏代换后变为：printf("%lf", 3.14*30*30);*/
   PRN /*宏代换后变为：printf("\n");*/
}
```

程序运行结果:

2826.000000

（6）宏代换只是指定字符串替换宏名的简单替换,不做任何语法检查,如上例第 4 句,在后面加分号,则连分号一起替换。如有错误,只能在编译已完成宏展开后的源程序时发现。

（7）程序中用双引号括起来的字符串,以及用户标识符中的部分,即使有与宏名完全相同的成分,由于它们不是宏名,故编译预处理时,不会进行替换（参见例 11.5）。

【例 11.5】

```
#include <stdio.h>
#define OK 100
```

```
void main( )
{
    printf("OK");
    printf("\n");
}
```
程序运行结果：

OK

上例中定义宏名 OK 表示 100，但在 printf 语句中 OK 被双引号括起来，这表示把"OK"当字符串处理，因此不作宏代换。

11.2.2 带参数的宏定义

对带参数的宏，在调用中，不仅要宏展开，而且要用实参去代换形参。

带参宏定义的一般形式为：

#define 宏名(形参表) 字符串

例如：

#define M(a,b) a*b   //宏定义
……
s=M(3,5);   //宏调用
……

说明：

（1）带参数的宏替换不仅仅是简单的字符串替换，还要进行参数部分的参数处理。宏名后面的参数表是形参表，替换字符串中会出现形参（也可能不止一次），替换时，字符串中的形参将会被程序中相应的实参部分逐一替代。字符串中非形参字符将原样保留。

（2）带参数的宏定义中，宏名和形参表之间不能有空格出现。

例如把：

#define M(a,b) a*b

写为：

#define M (a,b) a*b

将被认为是无参宏定义，宏名 M 代表字符串(a,b) a*b。

（3）上例中宏调用的替换结果应该是 s=3*5。字符串中的 a 和 b 为宏名后面的参数表中的形参，替换时，对应形参 a 和 b 的实参 3 和 5 替换至字符串中，字符串中的"*"原样保留。带参数的宏定义要求实参个数与形参个数相同，但没有类型要求，这点是与函数调用截然不同的，函数调用要求参数的类型必须一致。

（4）若宏调用改为 s=M(3+2,5+1)，则调用结果为 s=3+2*5+1，这是由于带参数的宏替换实质上仍然是字符串的替换，不进行算术计算，自然与希望的结果不符。这时，应将宏定义改为：

#define M(a,b) (a)*(b)

这样才能得到希望的结果 s=(3+2)*(5+1)。这种结果也是由于括住形参 a、b 的圆括号原样保留的原因。

（5）若宏调用改为 s=3/M(3+2,5+1)，则替换后得 s=3/(3+2)*(5+1)，也与希望的结果不符，

这时应将宏定义改为：

#define M(a,b) ((a)*(b))

这样才能得到所希望的结果 s=3/((3+2)*(5+1))。通过以上两点，请大家注意宏定义中圆括号的使用。

（6）宏定义中由双引号括起来的字符串常量中，如果含有形参，则在做宏替换时实参是不会替换此双引号中的形参的。如：

#define ADD(m) printf("m=%d\n",m)

用 ADD(x+y);语句调用，结果为 printf("m=%d\n",x+y);。这是由于第一个 m 是在双引号括起来的字符串中，是字符串常量的一部分，而不是形参的缘故。

若要解决此问题，则可在形参前加一"#"，变为如下形式：

#define ADD(m) printf(#m"=%d\n",m)

则调用 ADD(x+y);语句后，结果就会变为 printf("x+y=%d\n", x+y);。

（7）如宏定义包含"##"，则宏替换时将"##"去掉，并将其前后字符串合在一起。例如：

#define S(a,b) a##b

当调用 S(number,5);语句时，宏展开为 number5。

11.3　文件包含

文件包含是指将一个源文件的全部内容包含到另一个源文件中，成为后者的一部分。

文件包含预处理命令的一般形式为：

#include <文件名> 或

#include "文件名"

两种格式的区别在于：用< >括起文件名的文件包含命令，指示系统只在指定存放头文件的目录下查找该文件，一般是 include 目录。

而用" "括起文件名的文件包含命令，系统首先在使用文件包含命令的源文件所在目录下查找该文件，若未找到，再到指定存放头文件的目录下去查找。因此，对于 C 语言所提供的头文件（如"stdio.h"、"dos.h"、"io.h"、"math.h"等），用第一种方式可以节省搜索时间。这里所说的"头文件"，是因为#include 命令所指定的被包含文件常放在文件的开头，习惯上称被包含文件为头文件，并常以 h 作为其文件的扩展名，如"stdio.h"。文件包含命令使用" "时，双引号中的文件名还可以使用文件路径，如"c:\tc\include\stdio.h"。

用#include 文件包含预处理命令的好处是：当许多程序中需要用到一些共同的常量、数据等资料时，可以把这些共同的东西写在以.h 作为扩展名的头文件中，若哪个程序需要用时就可用文件包含命令把它们包含进来，省去了重复定义的麻烦。

例如，有以下文件"f.c"：

#include "stdio.h"
#define PI 3.1415926
#define AREA(r) (PI*(r)*(r))
#define PR printf
#define D "%f"

下面程序要用到以上内容,就可用文件包含命令把它们包含进来,形成一个新的源程序。
#include "c:\tc\f.c"

void main( )
{
  float r=3.5, s;

  s=AREA(3.5);
  PR(D,s);
}
程序运行结果:
38.484509
一条包含命令只能包含一个文件,若要包含 n 个文件,就需要 n 条包含命令。

11.4 条件编译

预处理程序提供了条件编译的功能。可以按不同的条件去编译不同的程序部分,因而产生不同的目标代码文件。这对于程序的移植和调试是很有用的。条件编译的形式主要有以下几种:

1. #ifdef-#else-#endif
  #ifdef 标识符
    程序段 1
  [#else
    程序段 2]
  #endif

其含义是:若标识符已被 #define 命令定义过,则编译程序段 1;否则编译程序段 2。[ ] 中的部分也可以没有。

2. #ifndef-#else-#endif
  #ifndef 标识符
    程序段 1
  [#else
    程序段 2]
  #endif

其含义是:若标识符未被定义过,则编译程序段 1;否则编译程序段 2。

3. #if-#else-#endif
  #if 表达式
    程序段 1
  [#else
    程序段 2]
  #endif

其含义是：若表达式（必须是常量表达式）的值为真(非0)，则编译程序段1；否则编译程序段2。

4. **#if-#elif-#endif**

　　#if 表达式1
　　　　程序段1
　　#elif 表达式2
　　　　程序段2
　　……
　　#elif 表达式n
　　　　程序段n
　　#endif

其含义是：如果表达式1的值为真，则编译程序段1；否则计算表达式2，如果结果为真，则编译程序段2……否则计算表达式n，如果结果为真，则编译程序段n。

【例11.6】
```c
#include <stdio.h>

void main( )
{
    float r=5.5,s;

    #if defined(PI)
        s=PI*r*r;
    #else
        #define PI 3.1415926
        s=PI*r*r;
    #endif

    printf("s=%f\n",s);
}
```
程序运行结果：
　　s=95.033173

上例中的#if后的defined是一个只能用在#if或#elif语句中的预处理测试运算符，其使用格式如下：
　　defined(标识符) 或
　　defined 标识符
它表示如果标识符被宏定义，则返回非零值，否则返回零值。

上例中，标识符PI未被宏定义，执行#else后的语句，即先宏定义PI，再求s。

从上面叙述可以看出，条件编译与一般if条件控制语句用法相似，它们的本质区别在于：使用条件控制语句，编译器仍然对整个源程序进行编译，生成的目标代码程序很长；而采用条件编译，则根据条件只编译其中的部分源程序，生成的目标程序较短。如果根据条件选择的程序段很长，采用条件编译是十分必要的。

本 章 小 结

C语言允许在源代码中使用编译预处理命令，包括宏定义、文件包含和条件编译。这些命令可以简化编程工作，也可以增强源代码的易维护性和可移植性。

C语言提供的预处理命令还有#error、#pragma、#line等，以及几个预定义的宏，如__LINE__、__FILE__等。本书没有对它们作介绍，有兴趣的读者可以进一步阅读相关资料自学。

思 考 题

1. 预处理命令在什么时候被处理？
2. 试比较带参数的宏和带参数的函数之间的区别。
3. 在#include命令中用<>和" "括住文件名的区别是什么？
4. 试举例说明条件编译适用的场合。
5. 为什么#if后面的表达式必须是常量表达式？

第12章 位运算

前面介绍的各种运算都是以字节作为基本单位进行的。但在很多系统程序中常要求在位一级进行运算或处理。C语言提供了位运算的功能。位运算是C语言区别于其他高级语言的又一大特色,这使得C语言能够用来编写接近汇编语言的C代码。同时C语言又具有汇编语言所不具备的高级语言的优势,如数学运算、数据处理和可移植性等,因此用C语言既可以编写系统软件又可以编写应用软件,具有很强的生命力。本章介绍了位运算的概念和几种常用的位运算,同时还介绍了有关"位段"的概念。

各种常用位运算的含义和使用是本章的重点,另外要注意"位段"的含义及用法。

12.1 位运算的概念

位运算是直接对二进制数位进行的运算。它是C语言区别于其他高级语言的又一大特色,利用这一功能,C语言就能实现一些底层操作,如对硬件编程或系统调用等。

要注意的是位运算数据对象只能是整型数据(包括int、short int、unsigned int和long int)或字符型数据,不能是其他的一些数据类型,如单精度或双精度型。位运算的优先级顺序是按位取反运算符"~"的优先级高于算术运算符,是所有位运算符中优先级最高的;左移"<<"和右移">>"运算符的优先级高于关系运算符的优先级,但低于算术运算符的优先级;按位与"&"、按位或"|"和按位异或"^"都低于关系运算符的优先级。另外,这些位运算符中只有按位取反运算符"~"是单目运算符(只有一个运算对象),其他的运算符都是双目运算符(有两个运算对象),详见表12.1。

表12.1 位运算符

位 运 算 符	含 义
&	按位与
|	按位或
^	按位异或
~	按位取反
<<	左移
>>	右移

12.2 位运算符的含义及其使用

12.2.1 按位"与"运算（&）

按位"与"运算的作用是：将参加运算的两个操作数（整型数据或字符型数据），按对应的二进制位分别进行"与"运算，只有对应的两个二进位均为 1 时，结果位才为 1，否则为 0。参与运算的数以补码形式出现。例如整数 9&8 其结果为：

```
    9：00001001
&   8：00001000
结果 8：00001000
```

按位与运算通常用来对某些位清零或保留某些位。例如操作数 a 的值是 1001101000101011，要将此数的高 8 位清零，低 8 位保留。解决办法就是和 0000000011111111 进行按位与运算。

```
    1001101000101011
&   0000000011111111
结果 0000000000101011
```

从运算结果可看出，操作数 a 的高 8 位与 0 进行 "&" 运算后，全部变为 0，低 8 位与 1 进行 "&" 运算后，结果与原数相同。

12.2.2 按位"或"运算（|）

按位"或"运算的规则是：参与运算的两数各对应的二进位相或。只要对应的两个二进制位有一个为 1 时，结果位就为 1。参与运算的两个数均以补码形式出现。例如：

```
    00100110
|   00011011
结果 00111111
```

根据"|"运算的特点，可用于将数据的某些位置 1，这只要与待置位上二进制数为 1，其他位为 0 的操作数进行"|"运算即可。

12.2.3 按位"非"运算（~）

按位"非"运算就是将操作数的每一位都取反（即 1 变为 0，0 变为 1）。它是位运算中唯一的单目运算。例如：

```
~    01010011
结果 10101100
```

12.2.4 按位"异或"运算（^）

按位"异或"运算的运算规则是：两个参加运算的操作数中对应的二进制位若相同，则结果为 0，若不同，则该位结果为 1。例如：

```
    00101101
^   01100110
结果 01001011
```

可以看出与0"异或"的结果还是0,与1"异或"的结果相当于原数位取反。利用这一特性可以实现某操作数的其中几位翻转,这只要与另一相应位为1其余位为0的操作数"异或"即可。这比求反运算的每一位都无条件翻转要灵活。

【例12.1】 编一段程序实现两个整数的交换,要求不要使用中间变量。

分析:要正确完成本题,可以利用前面讲过的位运算中的"异或"运算来实现。

```
#include <stdio.h>

void main( )
{
    int   a,b;
    a=56,b=37;
    a=a^b;
    b=b^a;
    a=a^b;
    printf("a=%d, b=%d\n", a, b);
}
```

程序的运行结果为:
  a=37, b=56

12.2.5 "左移"运算(<<)

"左移"运算的规则是:把"<<"左边的运算数的各二进位全部左移若干位,由"<<"右边的数指定移动的位数,左端的高位丢弃,右端的低位补0。例如:

int x=5, y, z;
y=x<<1;
z=x<<2;

用二进制形式表示运算过程如下:

x : 00000101 (x=5)
y=x<<1: 00001010 (y=x×2=10)
z=x<<2: 00010100 (z=x×2^2=20)

从上面的例子可以看出左移一位相当于原数乘2,左移n位相当于原数乘2^n,n是要移动的位数。在实际运算中,左移位运算比乘法要快得多,所以常用左移位运算来代替乘法运算。但是要注意,如果左端移出的部分包含二进制数1,这一特性就不适用了。例如:

int x=70, y, z;
y=x<<1;
z=x<<2;

运算情况如下:

x : 01000110 (x=70)
y=x<<1: 10001100 (y=x×2=140)
z=x<<2: 00011000 (z=24)

上例中当 x 左移两位时，左端移出的部分包含二进制数 1，造成与期望的结果不相符。

12.2.6 "右移"运算（>>）

"右移"运算的功能是把">>"左边的运算数的各二进位全部右移若干位，">>"右边的数指定移动的位数。左端的填补分两种情况：

若该数为无符号整数或正整数，则高位补 0。例如：
```
int a=11, b;
a       :   00001011
b=a>>2  :   00000010
```

若该数为负整数，则最高位是补 0 或是补 1，取决于编译系统的规定，在 Visual C++中是补 1。例如：
```
a      :   10001011
a>>1   :   11000101
```

【例 12.2】编写一段程序要求实现一个 16 位整数的右循环移位。

分析：前面讲过的位运算中的"右移"运算是将移出的位舍弃，而本题要求的右循环移位是要将移出的位依次放到左端高位上去。为实现这个目的，可按以下步骤进行：

（1）先将此数要移出的右端 n 位通过"左移"运算移至左端高位上，并将结果存入一个中间变量 m 中。即：m=k<<(16-n);

（2）将此数右移 n 位（左端高位移入的是 0），把结果存入另一中间变量 i 中。即：i=k>>n;

（3）最后将两个中间变量进行"或"运算，得出循环右移的结果。

程序代码如下：
```
#include <stdio.h>

void main( )
{
    unsigned short m, k, i;
    int n;

    scanf("k=%x,n=%d", &k, &n);

    m=k<<(16-n);
    i =k>>n;
    i = i |m;

    printf("k=%x,i=%x", k, i);
}
```
若输入：
k=f5b3, n=4
程序运行结果：
k=f5b3, i=3f5b

12.2.7 长度不同的两个数进行位运算的运算规则

参加位运算的数可以是长整型（long int）、整型（int）以及字符型（char）。当两个类型不同的数进行位运算时，它们的长度不同，这时系统将二者按右端对齐。若较短的数为正数或无符号数，则其高位补足零。若较短的数为负数，则其高位补满1。

12.2.8 位复合赋值运算符

C语言允许在赋值运算符"="之前加上位运算符，这样可以构成位复合赋值运算符，其目的是为了简化程序代码并提高编程效率，这些复合运算符有：

&= 按位与赋值。例如：x&=y 与 x=x&y 等价。
|= 按位或赋值。例如：x|=y 与 x=x|y 等价。
^= 按位异或赋值。例如：x^=y 与 x=x^y 等价。
<<= 左移位赋值。例如：x<<=y 与 x=x<<y 等价。
>>= 右移位赋值。例如：x>>=y 与 x=x>>y 等价。

12.3 位段

有些信息在存储时，并不需要占用一个完整的字节，而只需占一个或多个二进制位。例如，在存放一个开关量时，只有0和1两种状态，用一位二进制位即可。为了节省存储空间，并使处理简便，C语言规定可以在一个结构体中以二进制位为单位来指定其成员所占内存长度，这种以位为单位的成员就称为"位段"或"位域"。每个位段有一个位段名，允许在程序中按位段名进行操作。这样就可以把几个不同的对象用一个字节来表示。位段是C语言直接访问位的有效手段。

12.3.1 位段的定义

位段定义的一般形式如下：
struct [结构标识名]
{
　unsigned [位段名]：长度;
　⋮
} [变量名表列];
例如：
struct device
{
　unsigned busy: 1;
　unsigned ready:1;
　unsigned check:1;
　unsigned adr:2;
} dev_code;

以上结构体变量定义了 busy、ready、check、adr 四个位段，分别占一个二进制位，一个二进制位，一个二进制位和两个二进制位。

注意：

（1）位段的位长度不能大于其类型的长度。例如：

struct
{
   unsigned m: 36;
}

这样的定义是错误的，因为 36 大于 unsigned 类型的长度（32）。

（2）一个位段必须存储在同一个存储单元（一个整数）中，不能跨两个单元，如第一个单元空间容纳不下一个位段，则该单元剩余的空间不用，从下一个单元起存放该位段。

（3）位段名缺省时称做无名位段，无名位段的存储空间通常不用。例如：

struct　packed_data
{
   unsigned a:2;
   unsigned :2;　　　/*这两位空间不用*/
   unsigned b:1;
} data;

（4）当无名位段的长度被指定为 0 时有特殊作用，它使下一个位段从一个新的存储单元开始存放。例如：

struct　packed_data
{
   unsigned a:2;
   unsigned :2;
   unsigned :0;
   unsigned b:1;　　　/*从下一个整数开始存放*/
} data;

此时，变量 data 在内存中占 8 个字节，而不是 4 个字节。

（5）一个结构体中既可以定义位段成员，也可以同时定义其他类型的成员。例如：

struct
{
   unsigned m:4;
   unsigned n:4;
   int k;
} any;

12.3.2　位段的使用

位段的引用方式与结构体成员的引用方式相同，其一般形式为：

结构体变量名.位段名

例如：

data.a=2;
data.b=1;
any.m=3;

注意,如果写成 data.a=5;就错了。这是因为 a 只占两位,最大值也只能是 3。但系统并不报错,而是自动截取数 5 的二进制表示(0101)的低两位,故 data.a 的值是 1。

位段也可以参与算术表达式的运算,这时系统自动将其转化为整型数据。

位段可以用整型格式符(%d、%u、%o、%x)输出。

例如:

printf(" %d\n", data.a);

【例 12.3】阅读程序,给出运行结果。

```
#include <stdio.h>
void main( )
{
    struct x
    {
        unsigned a:2;
        unsigned b:3;
        unsigned c:1;
        unsigned d:4;
        unsigned e:3;
    };
    union y
    {
        struct x m;
        unsigned i;
    } n;
    n.i=255;
    printf("%d", ++n.m.d);
}
```

运行结果:

4

上例中,结构体 x 中的成员都定义为位段,其中 a 占 2 位,b 占 3 位,c 占 1 位,d 占 4 位,e 占 3 位。共用体 y 中的成员为结构体 m 和无符号整数 i,其中 m 的内存分配如图 12-1 所示。

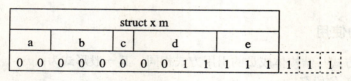

图 12-1

从图中可以看出，n.m.d 的值为 3（二进制数 0011），再加上 1，所以得出最后结果为 4。

本 章 小 结

  C 语言提供了一些位运算符，用来对数据中的位进行操作，包括按位取反、按位与、按位或、按位异或。同时，C 语言还提供了左移和右移运算符，它们是将某一个整数值中的所有位向左或向右移动指定数量的位数。
  C 语言允许定义位段来对数据中的一组位进行操作。

思 考 题

1. 按优先级从高到低的顺序说出位运算符，并说明各自的计算规则。
2. 举例说明各种位运算符的典型应用。
3. 移位运算符能用于浮点型数据吗？
4. 试比较位运算符和位段完成位操作的背景和优缺点。
5. 能在共用体中定义位段吗？考虑如何在共用体中定义带位段的结构体成员。

第13章 文 件

在前面几章中，C 程序处理的数据不论是从键盘上输入的数据还是在终端上显示的运行结果，均存放在内存中。程序执行完毕后，数据就立即消失，这在实际应用中是极不方便的。如果能将输入的数据以及运行结果以文件的形式存放在磁盘上，需要时，随时查看、修改、使用，这无疑会给用户带来很大的方便。

C 程序提供了相关的文件操作。对需要输入的大批量数据，可以事先以文件的形式存放在磁盘上，在程序中，用相关的函数从指定的文件中读取数据；对程序的运行结果也可以用相关的函数写入磁盘上指定的文件，使用时再将文件中的数据读入。

13.1 文件与文件类型指针

13.1.1 文件

文件是存储在外部介质上的数据集合。这里的外部介质是指能大规模、持久保存数据的外存储器。文件通常驻留在外部介质上，在使用时才调入内存中来。程序员对文件的处理主要是通过文件名来实现。在前面的各章中我们已经多次使用了文件，如源程序文件（.c）、目标文件（.obj）、可执行文件（.exe）、头文件（.h）等。

从用户的角度可将文件分为普通文件和设备文件两种：

普通文件是指驻留在外部介质上的一个有序数据集，可以是源文件、目标文件、可执行程序，也可以是一组待输入处理的原始数据，或者是一组输出的结果。对于源文件、目标文件、可执行程序可称做程序文件，对输入输出数据可称做数据文件。

设备文件是指与主机相连的各种外部设备，如显示器、打印机、键盘等。在操作系统中，把外部设备也看做是一个文件来进行管理，把它们的输入、输出等同于对普通文件的读和写。但它们是特殊的"文件"，故往往被赋予固定的"文件名"。以便按"名"完成指定的输入输出任务。通常把显示器定义为标准输出文件，一般情况下在屏幕上显示有关信息就是向标准输出文件输出。如前面经常使用的 printf( )、putchar( )就是这类输出。键盘通常被指定为标准的输入文件，从键盘上输入就意味着从标准输入文件上输入数据。scanf( )、getchar( )就属于这类输入。

如何对数据的输入输出进行具体操作，不少高级程序设计语言采取设置专门的输入输出语句或关键字来提供此种功能。而 C 语言采用的方法是提供一组输入输出函数来实现，输入输出函数放在库函数中。采用此方法增加了输入输出功能的灵活性。不同的 C 语言系统可以提供自己特有的输入输出操作函数，以方便程序员的使用。

13.1.2 文件数据的存储形式

文件中数据的存储形式有两种：一种是字符形式，另一种是二进制形式。

以字符形式存储数据的文件称为文本文件，字符可以是字母、数字、运算符等，每个字符通过相应的编码存储在文件中。常用编码是 ASCII 码，即一个字符有一个 ASCII 代码，占用一个字节的存储空间。这种存储形式的缺点是占用空间大。如存储一个整数 12345，在这里就被看做是 5 个字符，因此，需占用 5 个字节的存储空间。另外，把内存中的数据写入 ASCII 码文件或者从 ASCII 码文件读数据到内存中，需要转换，存取速度相对较慢。但 ASCII 码文件是可读文件，用有关文件浏览的命令可看到文件的具体内容。

以二进制形式存储数据的文件称为二进制文件，它是按照数据在内存中的存储形式原样存储数据的。如整数 12345 在二进制文件中只需占用 2 个字节的存储空间。另外，把内存中的数据写入二进制文件或者从二进制文件读数据到内存中，不需转换，存取速度相对较快。但二进制文件是不可读文件，不能用有关文件浏览的命令查看其具体内容。

13.1.3 文件的处理方法

C 语言中的文件为流式文件，即把文件看做是一个有序的字节流（字符流或二进制流）。输入输出字节流的开始和结束只由程序控制而不受物理符号（如回车符）的控制。因此，在 C 语言中，对数据的存取是以字节为单位的。

当打开一个文件时，该文件就和某个"流"关联起来。执行程序会自动打开三个标准文件——标准输入文件、标准输出文件和标准错误文件以及与这三个文件相连的三种"流"——标准输入流、标准输出流和标准错误流。"流"是程序输入或输出的一个连续的数据序列，设备（键盘、磁盘、显示器和打印机等）输入输出都是用"流"来处理的。在 C 语言中，所有的"流"均以文件的形式出现，包括设备文件。"流"实际上是文件输入输出的一种动态形式。例如，标准输入流使程序读取来自键盘的数据；标准输出流使程序把数据打印到屏幕上。一个 C 文件即是一个字节流或二进制流。

有了文件与流的概念，理论上解决了程序与外设交换数据的问题。但对文件具体读写的操作，也不是简单地就可以实现的。由于外设传输数据较慢，跟不上 CPU 的速度，故不能直接进行所需的数据交换。

为此，C 标准库中采用了"缓冲文件系统"处理文件，即在内存中开辟一块缓冲区（也称"数据缓冲区"）以便慢速的外设与此内存缓冲区成块地进行数据交换。数据交换操作与 CPU 中程序的执行可并行工作，这样能大大提高程序的执行效率。程序执行过程中对文件的操作，实际上是与内存中对应此文件的缓冲区在打交道。由于内存缓冲区与外设间数据的成块交换是自动执行的，不需程序员干预，故可以将程序与文件间的数据交换视为是直接进行的，即对程序员而言，这种看不到的通过"缓冲区"进行的数据交换是"透明的"。

缓冲文件系统中，关键的概念是文件指针。在对一个缓冲文件进行操作时，系统需要许多控制信息，如文件名、文件当前的读写位置、与该文件对应的内存缓冲区的地址、缓冲区中未被处理的字符数、文件的操作方式等。缓冲文件系统为每一个文件定义了一个 FILE 型的结构体变量来存放这些控制信息。FILE 定义在头文件"stdio.h"中，声明如下：

```
typedef struct
{
```

```
        short level;                // 缓冲区状态(满/空)
        unsigned flags;             // 文件状态标志
        char fd;                    // 文件描述符
        unsigned char hold;         // 如无缓冲区，不读取字符
        short bsize;                // 缓冲区大小
        unsigned char *buffer;      // 文件缓冲区位置指针
        unsigned char * curp        // 当前位置指针
        unsigned istemp ;           // 临时文件标志
        short token;                // 合法性检查
}FILE;
```

有了结构体 FILE 类型后，可以用它来定义 FILE 类型的指针变量以指向某个文件，这个指针称为文件指针。通过文件指针就可对它所指的文件进行各种操作。

定义文件指针的一般形式为：

FILE *指针变量标识符；

例如：

FILE *fp；

表示 fp 是指向 FILE 类型的指针变量，通过 fp 即可找到存放某个文件信息的结构体变量，然后按结构体变量提供的信息找到该文件，实施对文件的操作。

13.2 文件的打开与关闭

13.2.1 文件的打开

对文件进行读、写操作前，必须要"打开文件"，即建立文件的各种有关信息，并使文件指针指向该文件，以便进行其他操作。

函数 fopen( )用来打开一个文件，其调用形式通常为：

FILE *文件指针名；

文件指针名=fopen(文件名，使用文件方式)；

其中：

"文件指针名"是被说明为 FILE 类型的指针变量，用来接受函数 fopen( )的返回值。

"文件名"是一个字符串或字符数组，指明被打开文件的路径和文件名。

"使用文件方式"是一个字符串，指出对指定文件的使用方式。

例如：

　　　FILE *fp；

fp=fopen("file a", "r")；

其意义是在当前目录下打开文件 file a，文件的使用方式为"读入"（r 即 read），并使 fp 指向该文件。

又如：

　　　FILE *fphzk

fphzk=("c:\\hzk16", "rb")

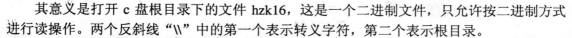

其意义是打开 c 盘根目录下的文件 hzk16，这是一个二进制文件，只允许按二进制方式进行读操作。两个反斜线"\\"中的第一个表示转义字符，第二个表示根目录。

使用文件的方式共有 12 种，表 13.1 给出了它们的符号和意义。

表 13.1

文件使用方式	意　　　义
"r"	以读入方式打开一个文本文件
"w"	以写出方式创建一个文本文件
"a"	以追加方式打开或创建一个文本文件，并从文件末尾写数据
"rb"	以读入方式打开一个二进制文件
"wb"	以写出方式创建一个二进制文件
"ab"	以追加方式打开或创建一个二进制文件，并从文件末尾写数据
"r+"	以读/写方式打开一个文本文件
"w+"	以读/写方式创建一个文本文件
"a+"	以读/写方式打开或创建一个文本文件，允许读，或从文件末尾写数据
"rb+"	以读/写方式打开一个二进制文件
"wb+"	以读/写方式创建一个二进制文件
"ab+"	以读/写方式打开或创建一个二进制文件，允许读，或从文件末尾写数据

对于文件使用方式有以下几点说明：

（1）文件使用方式由 r、w、a、t、b、+ 六个字符拼成，各字符的含义是：

　　r(read)：　　　　读
　　w(write)：　　　写
　　a(append)：　　追加
　　t(text)：　　　　文本文件，可省略不写
　　b(banary)：　　二进制文件
　　+：　　　　　　读和写

（2）用"r"打开一个文件时，该文件必须已经存在，且只能从该文件读出。

（3）用"w"打开的文件只能向该文件写入。若打开的文件已经存在，则将该文件删去，重建一同名新文件；若打开的文件不存在，则以指定的文件名建一新文件。

（4）以"a"方式打开的文件，主要用于向其尾部添加（写）数据。此时，该文件应存在，打开后，位置指针指向文件尾。如所指文件不存在，则创建一个新文件。

（5）"r+"、"w+"、"a+"方式打开的文件，既可以读入数据，也可以输出数据。"r+"方式时，文件应存在。"w+"方式是新建文件（同"w"方式），操作时，应先向其输出数据，有了数据后，也可读入数据。而"a+"方式，不同于"w+"方式，其所指文件内容不被删除，指针至文件尾，可以添加，也可以读入数据。若文件不存在，也可用其新建一文件。

（6）打开文件操作不能正常执行时，函数 fopen( ) 返回空指针 NULL（其值为 0），表示出错。出错原因大致为：以"r"、"r+"方式打开一个并不存在的文件、磁盘故障、磁盘满、无法建立新文件等。

13.2.2 文件的关闭

不再使用打开的文件，释放其占有的内存缓冲区，要进行"关闭文件"操作，即断开指针与文件之间的联系，也就禁止再对该文件进行操作，以避免文件数据丢失等错误。

函数 fclose( )的调用形式是：

　fclose(文件指针);

例如：

　　　fclose(fp);

前面曾用 fp 指向被打开的文件，现在用函数 fclose( )将 fp 所指向的文件关闭，即 fp 将不再指向该文件。

正常完成关闭文件操作时，函数 fclose( )返回值为 0。出现问题时返回 EOF（是在 stdio.h 文件中定义的符号常量，值为-1）。

关闭文件操作，对于输出文件，会把其对应的内存缓冲区中所有剩余数据写到文件中去；对于输入文件，则丢掉缓冲区内容；动态分配的内存缓冲区得以释放。应该养成在程序运行终止前关闭所有文件的习惯，以免丢失部分缓冲区中的数据。为了能够关闭所有文件，C 语言提供了函数 fcloseall( )，其调用形式为：

fcloseall( );

这是一个无参数函数。它能够关闭所有文件。

13.3 文件的存取

13.3.1 概述

前面章节中涉及的输入输出函数，如 scanf( )、printf( )、getchar( )、putchar( )等都是在 C 语言系统标准输入输出函数库中定义的，以终端（键盘与显示器）作为数据交换的来源与目的地。它们也是以"流"的形式操作，只不过是以终端代替文件，作为数据交换对象而已。使用 scanf( )、printf( )、getchar( )、putchar( )不需要打开文件（默认其一直是打开的），也不需要进行关闭操作。从键盘读取数据、向显示器输出显示内容等都是以顺序方式进行的。

对文件的顺序存取完全类似于对 scanf( )、printf( )、getchar( )、putchar( )的使用，只不过操作对象不同。

13.3.2 字符读写（函数 fgetc( )和函数 fputc( )）

fgetc( )是字符读函数，fputc( )是字符写函数。它们都是在"stdio.h"标准输入输出函数库中定义的，在使用它们时，应有#include "stdio.h"包含命令。

1. 字符读函数 fgetc( )

fgetc( )必须在以读或读写方式成功打开一个文件以后，才能使用。其功能是从指定的文件中读入一个字符，函数调用一般形式为：

字符变量=fgetc(文件指针);

例如：

　　　ch=fgetc(fp);

它表示从文件指针变量 fp 指向的文件中读出一个字符，赋给字符变量 ch。

【例 13.1】统计文件"test"中的字符个数。
编程如下：

```c
#include <stdio.h>
#include <stdlib.h>

void main()
{
    FILE *fp;
    long num=0;

    if((fp=fopen("test", "rt"))== NULL)
    {
        printf("Cannot open this file. \n");
        exit(0);
    }

    while(fgetc(fp)!=EOF)
        num++;

    printf("num=%ld\n",num);

    fclose(fp);
}
```

若文件中字符为：hello world!
则程序运行后屏幕上显示：num=12

说明：函数 exit( )的作用是终止程序。在终止以前，所有文件被关闭，缓冲输出（正等待输出的）内容被写完，调用退出函数。括号内的值定义了程序的退出状态，一般来说，0 表示正常退出，非 0 表示错误。

文件型数据结构中，关于文件有一个位置指针，指向当前对文件进行读写操作的位置。在文件打开时，该指针总是指向文件的第一个字节。在顺序存取的文件操作中，每读写一个字符后，该位置指针的值都会自动加 1，指向下一个字符的位置。改变这个位置指针的值，也就改变了下一次读写操作在文件中执行时的位置。应注意文件指针和文件内部的位置指针不是一回事。文件指针是指向整个文件的，需在程序中定义说明，只要不重新赋值，文件指针的值是不变的。文件内部的位置指针用以指示文件内部的当前读写位置，每读写一次，该指针均向后移动，它不需在程序中定义说明，而是由系统自动设置的。

从 C 语言文件"流"的特性可以知道，每次调用函数 fgetc( )读出一个字符后，文件的位置指针会指向文件中的下一个字符。在读完文件中最后一个字符后，再使用 fgetc( )时，函数已读不到文件中的字符，将返回一个文件结束符 EOF（值为-1）。这在对文本文件操作时不会产生问题，只要根据函数返回值进行判断即可得知是否已至文件尾。但对二进制文件进行读操作时，由于-1 是二进制数据中的一个合法值，故用一个合法值作为文件结束标志是会产生问题的:读到一个正常的二进制数据-1 后,认为已至文件结束处,不再对文件后面的内容进行读入操作,这将影响文件数据的读取。为了解决此问题,ANSI C 提供了一个专门判断文件结束的函数 feof( )。

2. 判断文件结束函数 feof( )

feof( )专门用来判断文件位置指针是否已至文件尾。函数调用一般形式为:

feof(fp);

函数返回值为 1(真)时表示已至文件尾部,为 0(假)时则还未到文件结束处。feof 函数的调用,不影响文件位置指针指向文件中字符的位置,它只是对文件结束标志置入相应的值。调用 feof( )来判断文件位置指针是否已至文件结束处同样也可适用于文本文件。

3. 字符写函数 fputc( )

fputc( )的功能是向指定的文件输出一个字符,函数调用一般形式为:

fputc(字符量,文件指针);

其中,待写入的字符量可以是字符常量或变量,例如:

fputc('a',fp);

它表示向文件指针变量 fp 指向的文件输出一个字符 a。

使用 fputc( )时应注意:被写入的文件可以用写、读写、追加方式打开,用写或读写方式打开一个已存在的文件时将清除原有的文件内容,写入字符从文件首开始。如需保留原有文件内容,希望写入的字符以文件末开始存放,必须以追加方式打开文件。被写入的文件若不存在,则创建该文件。

fputc( )的执行也会返回一个值,输出成功其返回值就是所输出的字符,输出失败,返回值为 EOF(-1)。

【例 13.2】打开"c:\infile.c"文件,然后将其复制到"c:\outfile.c"上。

编程如下:

```
#include <stdio.h>
#include <stdlib.h>

void main()
{
    FILE *infp,*outfp;
    char  ch;

    if((infp=fopen("c:\\infile.c", "r"))== NULL)
    {
        printf("Cannot open this infile. \n");
        exit(0);
    }

    if((outfp=fopen("c:\\outfile.c", "w"))== NULL)
    {
        printf("Cannot open this outfile. \n");
```

```
            exit(0);
        }

        while(!feof(infp))
            if((ch=fgetc(infp))!=EOF)
                fputc(ch,outfp);

        fclose(infp);
        fclose(outfp);
}
```

与函数 getchar( )、putchar( )（向标准输入输出设备进行读写操作）比较，函数 fgetc( )、fputc( )的参数表中多了一个文件指针变量 fp，其余的使用都一样。事实上，putchar( )、getchar( )就是从 fputc( )、fgetc( )派生出来的，是用#define 定义的宏：

#define　putchar(c)　fputc(c, stdout);
#define　getchar( )　fgetc(stdin);

stdin、stdout 是系统定义的文件指针变量，分别与标准输入（键盘）、标准输出（显示器）相连。fputc (c,stdout)就是向显示终端输出字符 c。用 putchar(c)函数比用 fputc(c, stdout)简明、直观，故作了 putchar( ) 函数定义。getchar( )、fgetc( )函数也是同样情形的使用。

13.3.3　字符串读写（函数 fgets( )和函数 fputs( )）

fgets( )是字符串读函数，fputs( )是字符串写函数，它们也是在"stdio.h"标准输入输出函数库中定义的。

1．读字符串函数 fgets( )

fgets( )的功能是从指定的文件中读一个字符串到字符数组中，函数调用一般形式为：

fgets(字符数组名,n,文件指针);

其中的 n 是一个正整数。表示从文件中读出的字符串不超过 n-1 个字符。如果读了 n-1 个字符，或遇到了换行符或 EOF，表示读入结束。系统自动在读入的最后一个字符后加上串结束标志"\0"。

例如：

fgets(str,n,fp);

的意义是从 fp 所指的文件中读出 n-1 个字符送入字符数组 str 中。

函数 fgets( )也有返回值，其返回值是字符数组的首地址。

【例 13.3】假设 C 盘根目录下有一 ASCII 码文件"abc.dat"，其内容为"I am a student."。编程显示文件内容。

编程如下：

```
#include <stdio.h>
#include <stdlib.h>

void main()
{
```

```
        FILE *fp;
        char str[30];

        if((fp=fopen("c:\\abc.dat", "r"))== NULL)
        {
            printf("file open error.\n");
            exit(0);
        }

        while(!feof(fp))
            fgets(str,30,fp);

        puts(str);

        fclose(fp);
    }
```
程序运行后屏幕上显示：I am a student.

2. 写字符串函数 fputs( )

fputs( )的功能是向指定的文件写入一个字符串，字符串结束符"\0"不写入。其调用一般形式为：

fputs(字符串,文件指针);

其中字符串可以是字符串常量，也可以是字符数组名，或指针变量，例如：

fputs("abcd",fp);

其意义是把字符串"abcd"写入 fp 所指的文件中。

fputs 函数若写入成功，则返回值为 0，否则返回 EOF。

【例 13.4】从键盘上输入一串字符，写入文本文件"abc.c"中，再将文本文件的内容读出，显示在屏幕上。

编程如下：

```
#include <stdio.h>
#include <stdlib.h>

void main()
{
    FILE *fp;   char str[100], ch;

    if((fp=fopen("c:\\abc.c", "w"))== NULL)
    {
        printf("file open error.\n");
        exit(0);
    }
```

```
        printf("请输入一串字符：\n");
        gets(str);
        fputs(str,fp);

        fclose(fp);

        if((fp=fopen("c:\\abc.c", "r"))== NULL)
        {
            printf("file open error.\n");
            exit(0);
        }

        while(!feof(fp))
            if((ch=fgetc(fp))!=EOF)
                putchar(ch);

        fclose(fp);
    }
```
若程序运行时输入：hello world!
则程序运行后屏幕上显示：hello world!

13.3.4 格式读写（函数 fscanf( )和函数 fprintf( )）

fscanf( )是格式化读函数，fprintf( )是格式化写函数，它们也是在"stdio.h"标准输入输出函数库中定义的。fscanf( )、fprintf( )与 scanf( )、printf( )函数的功能及使用方法极其相似，都是格式化读写函数。两者的区别在于 fscanf( )和 fprintf( )的读写对象不是键盘和显示器，而是文件，其函数的参数表中增加了文件指针参数。这两个函数的调用一般形式为：

fscanf（文件指针，"格式控制字符串"，地址表列）；
fprintf（文件指针，"格式控制字符串"，输出表列）；

其中文件指针，对于函数 fscanf( )，是在以读或读写方式成功打开一个文件后得到的指向此文件的一个指针值；而对于函数 fprintf( )，则是在以写或读写方式成功打开一个文件后得到的指向此文件的一个指针值。被写入的文件可以用写、读写、追加方式打开。用写或读写方式打开一个已存在的文件时将清除原有的文件内容，写入字符从文件首开始。如需保留原有文件内容，希望写入的字符从文件末开始存放，必须以追加方式打开文件。被写入的文件若不存在，则创建该文件。至于"格式控制字符串"，以及地址、输出表列参数，其意义完全等同于 scanf( )、printf( )中的相应参数。

例如：fscanf (fp, " %d, %c", &a, &b);
表示将 fp 指向的文件中形如"123，A"的数据中的 123 赋给整型变量 a，'A'赋给字符变量 b。
而，fprintf(fp,"%d, %c", a, b);

表示将整型变量 a(假设其值为 123)，字符变量 b(假设其值为'A')中的值按%d 和%c 的格式（其间要加上字符"，"）输出到 fp 指向的文件中去。

scanf( )、printf( )是以终端为读写对象的，故读写的数据均为 ASCⅡ码可显示字符，用格式控制字符串对其进行规范化处理非常自然，也是必需的。但对于文件，大量的二进制数据，以此种方式操作，除了会占用更多的存储资源外，在其输入输出时，要根据格式控制字符串进行二进制数与 ASCII 码间的转换，在时间方面也会增加不少开销。在二进制数据量大时，显然，还应该有更好的读写方式，以方便使用。为此，C 语言提供了函数 fread( )和 fwrite( )。

【例 13.5】建立一个 stud 的二进制文件，并向其中格式化写入 5 个姓名。

编程如下：

```
#include <stdio.h>
#include <stdlib.h>

void main()
{
    FILE *fp;
    char name[][10]={"张雄","李平","孙兵","刘军","王伟"};
    int i, score[]={60,72,80,88,92};

    if((fp=fopen("c:\\stud", "wb"))== NULL)
    {
        printf("file open error.\n");
        exit(0);
    }

    for(i=0;i<5;i++)
        fprintf(fp,"%s    %d",name[i],score[i]);

    fclose(fp);
}
```

【例 13.6】读取并显示上例所建立的 stud 文件。

编程如下：

```
#include <stdio.h>
#include <stdlib.h>

void main()
{
    FILE *fp;
    char name[10];
    int i, score;
```

```
if((fp=fopen("c:\\stud", "rb"))== NULL)
{
    printf("file open error.\n");
    exit(0);
}

printf("姓名    成绩\n");
printf("----------------\n");

while(!feof(fp))
{
    fscanf(fp,"%s    %d",name,&score);
    printf("%s    %d\n",name,score);
}

fclose(fp);
}
```

13.3.5 数据块读写（函数 fread( )和函数 fwrite( )）

函数 fread( )和 fwrite( )也是在"stdio. h"标准输入输出函数库中定义的。通过它们可以对组织有序的数据块（如结构体、数组等）进行读写。它们的调用一般形式为：

fread（内存地址，数据项字节数，数据项个数，文件指针）；
fwrite（内存地址，数据项字节数，数据项个数，文件指针）；

其中：内存地址在 fread( )中，表示存放输入数据的首地址，在 fwrite( )中，表示存放输出数据的首地址。

fread( )、fwrite( )通常用于对二进制文件的读写操作。例如，要从已打开的一个文件（其文件指针仍设为 fp）中读入 5 个整数，依次送入整型数组 a 中，只需调用一次 fread( )即可完成：

fread (a ,2, 5 ,fp);

其中，存放读入数据的内存地址为整型数组 a 的地址。参数表中第二个参数 2 是数据项（此例中为整型数）的长度（2 字节）。参数表中第三个参数 5 是数据项的个数：5 个整型数。fp 为以读或读写方式成功打开的文件指针。

同样，用 fread( )、fwrite( ) 来读出、写入结构体类型的数据也是很方便的。设某班有 35 位学生，其个人资料（包括学号、姓名、性别、年龄）存放于如下结构的结构体数组 stu 中：

```
struct stud_type
{
    int num;
    char name[8];
    char sex[5];
    int age;
```

}stu [35]

在其信息完整录入至文件中，且文件以"rb"方式成功打开后，则可以用 fread( )从文件中读出并送入 stu 结构体数组中去：

fread(& stu [0],sizeof(struct stud_type),35,fp);

这是在知道学生数为 35 时的特别用法，更一般地，是用 for 语句和 fread( )配合来读取数据：

for(i=0;i<35;i++)
    fread (&stu [i],sizeof(struct stud_type),1,fp);

其中，sizeof 是求字节数运算符。sizeof(struct stud_type)表示取结构体类型 struct stud_type 的长度，即其成员长度之和（12 字节）。

fwrite( )的用法与 fread( )的用法完全类似，只不过其数据传输的方向正好相反，fwrite( )是从内存向已打开的文件中写数据，调用 fwrite( )一次可写入的字节数为数据项字节数乘以数据项个数的乘积。

如果 fread( )或 fwrite( )调用成功，则函数返回值为输入或输出数据项的完整个数。

【例 13.7】建立一个 stud 的二进制文件，并向其中格式化写入 5 个姓名。

编程如下：

```c
#include <stdio.h>
#include <stdlib.h>

void main()
{
    FILE *fp;
    struct student
    {
        char name[10];
        int score;
    }stud[]={{"张雄",60},{"李平",72},{"孙兵",80},{"刘军",88},{"王伟",92}};
    int i;

    if((fp=fopen("c:\\stud", "wb"))== NULL)
    {
        printf("file open error.\n");
        exit(0);
    }

    for(i=0;i<5;i++)
        if(fwrite(&stud[i],sizeof(struct student),1,fp)==-1)
            printf("写文件错误\n");
```

```
        fclose(fp);
}
```

【例 13.8】读取并显示上例所建立的 stud 文件。
编程如下：

```c
#include <stdio.h>
#include <stdlib.h>

void main()
{
    FILE *fp;
    struct student
    {
        char name[10];
        int score;
    }stud[5];
    int i;
    if((fp=fopen("c:\\stud", "rb"))== NULL)
    {
        printf("file open error.\n");
        exit(0);
    }

    printf("姓名    成绩\n");
    printf("---------------\n");

    for(i=0;i<5;i++)
        if(fread(&stud[i],sizeof(struct student),1,fp)!=-1)
            printf("%s      %d\n",stud[i].name,stud[i].score);

    fclose(fp);
}
```

从上述例子可以看出，fwrite( )/fread( ) 与 fprintf( )/fscanf( ) 功能相似，但由于 fprintf( )/fscanf( ) 在输入时要将 ASCII 码转换成二进制形式，在输出时又要将二进制形式转换成 ASCII 码字符，花费较多时间，效率较低；而 fwrite( )/fread( ) 不做这样的转换，因此效率更高。

13.4 文件的定位

13.4.1 概述

前面介绍的对文件的读写方式都是顺序读写,即读写文件只能从头开始,顺序读写各个数据。但在实际问题中常要求只读写文件中某一指定的部分。为了解决这个问题,可移动文件内部的位置指针指到需要读写的位置,再进行读写,这种读写称为随机读写。实现随机读写的关键是要按要求移动位置指针,这称为文件的定位。涉及文件定位及检测当前文件位置指针值的函数,普遍被使用的有函数 rewind( )、fseek( )和 ftell( )。

13.4.2 函数 rewind( )

函数 rewind( )的作用很单一,那就是强制控制文件位置指针的内容,使其指向文件的开头。这是一个 void 型函数,它没有返回值。调用一般形式为:

rewind(文件指针);

13.4.3 函数 fseek( )

函数 fseek( )是实现文件随机读写最重要的函数之一,使用它可以按程序的需要来对位置指针进行调整。文件的随机读写(存取),指的是读写完一个字节(或字符)后,不一定非得顺序读写下一个字节,而是能读写文件中任意其他位置的字节。决定文件中下一次要进行读写操作的位置,是由文件的位置指针决定的,而 fseek( )就是控制文件位置指针值的函数。函数 fseek( )操作成功返回 0,否则返回非 0。

fseek( )的调用一般形式为:

fseek(文件指针,位移量,起始点);

其中:

"文件指针"是文件打开时返回的文件指针。

"位移量"是指以起始点为基础,向前位移的字节数,可以为负值。大多数 C 语言版本(包括 ANSI C)要求位移量为 long 型数。ANSI C 标准规定在位移量为数值常量时,其末尾加字母 l 或 L 来表示其值为 long 型。

"起始点"表示从何处开始计算位移量,规定的起始点有:文件开头处、文件当前位置、文件尾,分别用值 0、1、2 来表示,ANSI C 标准还为它们指定了名字,如表 13.2 所示。

表 13.2

起始点	名字	数字代号
文件开始	SEEK_SET	0
文件当前位置	SEEK_CUR	1
文件末尾	SEEK_END	2

有了函数 fseek( ),就可以实现文件的随机存取了。

【例 13.9】设文件"alphabet"中存放了字母表"A…Z",现在打开这个文件,用从尾部倒着读的方式将其信息读出并送屏幕显示。
编程如下：
```c
#include <stdio.h>
#include <stdlib.h>

void main()
{
    FILE *fp;  long  i;

    if((fp=fopen("c:\\alphabet.c", "rb"))== NULL)
    {
        printf("file open error.\n");
        exit(0);
    }

    for(i=1;i<=26;i++)
    {
        fseek(fp,-i,2);            // i=1 时，定位于字母 Z
        putchar(fgetc(fp));        // 显示读出的字符，位置指针+1
    }

    fclose(fp);
}
```
程序运行后在屏幕上显示：ZYXWVUTSRQPONMLKJIHGFEDCBA

注意：函数 fseek( )一般用于二进制文件，文本文件也可以二进制文件方式打开，只是要注意其回车_换行对（二字节）的位置计算。

13.4.4　ftell 函数

在文件随机读写中，文件位置指针值的变化是非常大的，当前位置的计算往往容易出错，而对当前位置的使用又非常频繁，为了得到当前位置的详细值，C 语言使用了函数 ftell( )。当前位置是指相对于文件开头处的位移量值。由于当前位置不能为负值，故如果 ftell( )返回值为 -1L 时，表示出错。函数 ftell 的原型为：

ftell(文件指针);

【例 13.10】显示前面建立的 stud 文件的长度。
编程如下：
```c
#include <stdio.h>
#include <stdlib.h>

void main()
{
```

```
        FILE *fp;
        int   i;

        if((fp=fopen("c:\\stud", "r"))== NULL)
        {
            printf("file open error.\n");
            exit(0);
        }

        fseek(fp,0,2);
        printf("stud 文件程度：%dByte\n",ftell(fp));

        fclose(fp);
}
```

13.5 综合应用举例（三）

【例 13.11】建立一个文件，向其中写入一组学生姓名和成绩，然后从该文件中读出成绩大于 80 分的学生信息并显示在屏幕上。

分析：先建立文件，再写入学生记录。用 rewind 函数定位于文件开头，用 fread 函数从文件中读出一个一个的记录，然后判断成绩是否大于 80 分，若是则输出之。在读记录之前，要用 fseek 函数定位在正确的位置上。

编程如下：

```
#include <stdio.h>
#include <stdlib.h>

void main()
{
    FILE *fp;
    int i;

    struct student
    {
        char name[10];
        int score;
    }s, stud[ ]={{"张雄",90},{"李平",72},{"孙兵",80},{"刘军",88},{"王伟",92}};

    if((fp=fopen("stud.bin","wb+"))==NULL)
    {
        printf("不能建立文件 stud.bin\n");
```

```
            exit(0);
        }

        for(i=0;i<5;i++)
            if(fwrite(&stud[i],sizeof(struct student),1,fp)!=1)
                printf("写文件错误");

        rewind(fp);              //定位于文件开头

        printf("姓名      成绩\n");
        printf("----------------\n");

        for(i=0;i<5;i++)
        {
            fseek(fp,i*sizeof(struct student),0);
            fread(&s, sizeof(struct student),1,fp);
            if(s.score>80)
                printf("%s      %d\n",s.name,s.score);
        }

        fclose(fp);
}
```
程序运行后在屏幕上显示：

姓名   成绩

张雄   90
刘军   88
王伟   92

【例 13.12】在文件 IN.DAT 中存入 100 个产品销售记录，每个产品销售记录由产品代码 dm(字符型 4 位)，产品名称 mc(字符型 20 位)，单价 dj(整型)，数量 sl(整型)，金额 je(长整型)五部分组成。其中：金额=单价*数量计算得出。

函数 saveDat()的功能是将输入的 100 个产品销售记录保存到文件 IN.DAT 中；

函数 readDat()的功能是从文件 IN.DAT 中读取这 100 个销售记录并存入结构体数组 sell 中；

函数 sortDat()的功能是对产品销售记录按金额从小到大进行排列，若金额相等，则按产品代码从小到大进行排列，最终排列结果仍然存入结构体数组 sell 中；

函数 writeDat()的功能是把排序结果输出到文件 OUT.DAT 中。

编程如下：

#include<stdio.h>

```c
#include<conio.h>
#include<string.h>
#include<stdlib.h>
#define MAX 100

typedef struct
{
    char dm[5];
    char mc[21];
    int dj;
    int sl;
    long je;
}pro;
pro sell[MAX];

void saveDat();
void readDat();
void sortDat();
void writeDat();

void main()
{
    clrscr();
    saveDat();
    readDat();
    sortDat();
    writeDat();
}

void saveDat()
{
    FILE *fp;
    int i;

    if((fp=fopen("IN.DAT","wb"))==NULL)
    {
        printf("Cannot open this file!\n");
        exit(1);
    }
```

```
    for(i=0;i<MAX;i++)
    {
        printf("Please input sell record:");

        scanf("%s%s%d%d",sell[i].dm,sell[i].mc,&sell[i].dj,&sell[i].sl);
        sell[i].je=sell[i].dj*sell[i].sl;
        fwrite(&sell[i],sizeof(pro),1,fp);
    }

    fclose(fp);
}

void readDat()
{
    FILE *fp;
    int i;

    if((fp=fopen("IN.DAT","rb"))==NULL)
    {
        printf("Cannot open this file!\n");
        exit(1);
    }

    for(i=0;i<MAX;i++)
        fread(&sell[i],sizeof(pro),1,fp);

    fclose(fp);
}

void sortDat()
{
    int i,j;
    pro temp;

    for(i=1;i<MAX;i++)
        for(j=1;j<=MAX-i;j++)
            if(sell[j-1].je>sell[j].je)
            {
                temp=sell[j-1];
                sell[j-1]=sell[j];
```

```
                    sell[j]=temp;
                }
                else if(sell[j-1].je==sell[j].je)
                    if(strcmp(sell[j-1].dm,sell[j].dm)>0)
                    {
                        temp=sell[j-1];
                        sell[j-1]=sell[j];
                        sell[j]=temp;
                    }
    }

    void writeDat()
    {
        FILE *fp;
        int i;

        if((fp=fopen("OUT.DAT","wb"))==NULL)
        {
            printf("Cannot open this file!\n");
            exit(1);
        }

        for(i=0;i<MAX;i++)
        {
            printf("%s %s %4d %5d %5ld\n",sell[i].dm,sell[i].mc,sell[i].dj,sell[i].sl,sell[i].je);
            fwrite(&sell[i],sizeof(pro),1,fp);
        }

        fclose(fp);
    }
```

运行结果如下：

输入 in.dat 文件：

Please input sell record:C001✓

dianshan✓

258✓

120✓

Please input sell record:D005✓

dami✓

38✓

200✓

Please input sell record:<u>B014</u>✓
<u>shu</u>✓
<u>25</u>✓
<u>20</u>✓
Please input sell record:……
……
排序结果：
B014　shu　　25　　20　　500
D005　dami　　38　　200　　7600
C001　dianshan　258　　120　30960
……

本 章 小 结

  本章主要介绍了有关文件操作的基本知识：文件与"流"的基本概念，与文件有关的数据缓冲区，文件类型指针，文件的打开与关闭，文件的存取（包括字符读写函数，格式化读写函数，成块数据的读写函数），以及文件定位等。

思 考 题

1．什么是文件？什么是缓冲文件系统?什么是"流"？
2．什么是文件指针?什么是文件位置指针？
3．文件数据的存储形式有哪些?各有什么特点？
4．对文件打开和关闭的含义是什么?为什么要打开和关闭文件？
5．文件的存取方式有哪两种？

附录一　ASCII 码表

ASCII 值	控制字符	ASCII 值	字符	ASCII 值	字符	ASCII 值	字符
000	NUL	032	(space)	064	@	096	`
001	SOH	033	!	065	A	097	a
002	STX	034	"	066	B	098	b
003	ETX	035	#	067	C	099	c
004	EOT	036	$	068	D	100	d
005	END	037	%	069	E	101	e
006	ACK	038	&	070	F	102	f
007	BEL	039	'	071	G	103	g
008	BS	040	(	072	H	104	h
009	HT	041	)	073	I	105	i
010	LF	042	*	074	J	106	j
011	VT	043	+	075	K	107	k
012	FF	044	,	076	L	108	l
013	CR	045	—	077	M	109	m
014	SO	046	.	078	N	110	n
015	SI	047	/	079	O	111	o
016	DLE	048	0	080	P	112	p
017	DC1	049	1	081	Q	113	q
018	DC2	050	2	082	R	114	r
019	DC3	051	3	083	S	115	s
020	DC4	052	4	084	T	116	t
021	NAK	053	5	085	U	117	u
022	SYN	054	6	086	V	118	v
023	ETB	055	7	087	W	119	w
024	CAN	056	8	088	X	120	x
025	EM	057	9	089	Y	121	y
026	SUB	058	:	090	Z	122	z
027	ESC	059	;	091	[	123	{
028	FS	060	<	092	\	124		
029	GS	061	=	093	]	125	}
030	RS	062	>	094	^	126	~
031	US	063	?	095	_	127	

附录二　C语言保留字

保留字	说明
auto	局部变量
break	退出循环或switch语句
case	在switch语句中的情况选择
char	一个字节长的字符值
const	说明中的修饰符，表明这个量在程序执行过程中不可变
continue	转到下一次循环
default	switch语句中其余情况标号
do	在do-while循环中的循环起始标记
double	双精度浮点数
else	if语句中的另一种选择
enum	整常量名的枚举表
extern	全局变量的import说明
float	单精度浮点数
for	一种循环
goto	转移到标号指定的地方
if	语句的条件执行
int	整型
long	长整型
register	请求更快的存储单元
return	返回到调用函数的命令
short	短整型
signed	说明中的修饰符，最高位作为符号位
sizeof	计算表达式的字节数
static	用于程序生命期,可以共享
struct	用于结构数据类型
switch	多选择分支
typedef	用于定义同义数据类型
union	与struct类似,但其成员有同一起始地址
unsigned	说明中的修饰符,最高位不作为符号位
void	一种数据类型
volatile	说明中的修饰符，表明这个量在程序执行过程中可被隐含的改变
while	在while和do-while循环中语句的条件执行

附录三 运算符的优先级和结合性

优先级	运算符	意义	运算对象个数	结合性
1	( )	圆括号		左结合
	[ ]	下标运算符		
	—>	指向结构体成员运算符		
	.	结构体成员运算符		
2	!	逻辑非运算符	1	右结合
	~	按位取反运算符		
	++	自增运算符		
	--	自减运算符		
	-	负号运算符		
	(类型)	类型转换运算符		
	*	指针运算符		
	&	地址与运算符		
	sizeof	长度运算符		
3	*	乘法运算符	2	左结合
	/	除法运算符		
	%	取余运算符		
4	+	加法运算符	2	左结合
	-	减法运算符		
5	<<	左移运算符	2	左结合
	>>	右移运算符		
6	< <= > >=	关系运算符	2	左结合
7	==	等于运算符	2	左结合
	!=	不等于运算符		
8	&	按位与运算符	2	左结合
9	^	按位异或运算符	2	左结合
10	|	按位或运算符	2	左结合
11	&&	逻辑与运算符	2	左结合
12	||	逻辑或运算符	2	左结合
13	?:	条件运算符	3	右结合
14	= += -= *= /= %= >>= <<= &= ^= |=	赋值运算符	2	右结合
15	,	逗号运算符		左结合

附录四　常用库函数

一、数学函数

调用数学函数时，要在源文件中包含头文件 math.h：
#include "math.h"

函数名	函数原型	功　能	说　明
acos	double acos(double x)	计算 arccos(x)的值	-1≤x≤1
asin	double asin(double x)	计算 arcsin(x)的值	-1≤x≤1
atan	double atan(double x)	计算 arctan(x)的值	
cos	double cos(double x)	计算 cos(x)的值	
cosh	double cosh(double x)	计算 x 的双曲余弦函数的值	
exp	double exp(double x)	求 e^x 的值	
fabs	double fabs(double x)	求 x 的绝对值	
fmod	double fmod(double x,double ,y)	求整除 x/y 的余数	
log	double log(double x)	求 ln x (即 $\log_e x$)的值	
log10	double log10 (double x)	求 lg x (即 $\log_{10} x$)的值	
pow	double pow (double x，double y)	计算 x^y 的值	
sin	double sin(double x)	计算 sin(x)的值	
sinh	double sinh(double x)	计算 x 的双曲正弦函数的值	
sqrt	double sqrt(double x)	计算 $\sqrt{x}$ 的值	
tan	double tan(double x)	计算 tan(x)的值	
tanh	double tanh(double x)	计算 x 的双曲正切函数的值	

二、字符函数

调用字符函数时，要在源文件中包含头文件 ctype.h：

#include "ctype.h"

函数名	函数原型	功 能	说 明
isalnum	int isalnum(int ch)	检查 ch 是否是字母或数字	是则返回 1；否则返回 0
isalpha	int isalpha (int ch)	检查 ch 是否是字母	是则返回 1；否则返回 0
iscntrl	int iscntrl (int ch)	检查 ch 是否是控制字符	是则返回 1；否则返回 0
isdigit	int isdigit (int ch)	检查 ch 是否是数字	是则返回 1；否则返回 0
isgraph	int isgraph (int ch)	检查 ch 是否是可打印字符，不包括空格	是则返回 1；否则返回 0
islower	int islower (int ch)	检查 ch 是否是小写字母	是则返回 1；否则返回 0
isprint	int isprint (int ch)	检查 ch 是否是可打印字符，包括空格	是则返回 1；否则返回 0
ispunct	int ispunct (int ch)	检查 ch 是否是标点字符	是则返回 1；否则返回 0
isspace	int isspace (int ch)	检查 ch 是否是空格、制表符或换行符	是则返回 1；否则返回 0
isupper	int isupper (int ch)	检查 ch 是否是大写字母	是则返回 1；否则返回 0
isxdigit	int isxdigit (int ch)	检查 ch 是否是 16 进制数学符号	是则返回 1；否则返回 0
tolower	int tolower (int ch)	将 ch 转换成小写字符	返回小写字母的 ASCII 码
toupper	int toupper (int ch)	将 ch 转换成大写字符	返回大写字母的 ASCII 码

三、字符串函数

调用字符串函数时，要在源文件中包含头文件 string.h：
#include "string.h"

函数名	函数原型	功 能	说 明
strcat	char *strcat(char *str1, char *str2)	把字符串 str2 接到 str1 后面	返回 str1
strchr	char *strcat(char *str, int ch)	找出 str 指向的字符串中第一次出现字符 ch 的位置	返回指向该位置的指针，如找不到则返回 NULL
strcmp	int strcmp (char *str1, char *str2)	比较两个字符串 str1,str2 的大小	str1<str2,返回负数 str1=str2,返回 0 str1>str2,返回正数
strcpy	char * strcpy (char *str1, char *str2)	把 str2 指向的字符串拷贝到字符串 str1 中去	返回 str1
strlen	unsigned int strlen (char *str)	统计字符串 str 中字符的个数(不包括 '\0')	
strstr	char * strstr (char *str1, char *str2)	找出 str2 字符串中第一次出现字符串 str1 的位置	返回指向该位置的指针，如找不到则返回 NULL

四、输入输出函数

调用输入输出函数时,要在源文件中含头文件 stdio.h:
#include "stdio.h"

函数名	函数原型	功 能	说 明
clearerr	void clearer(FILE *fp)	清除文件指针错误	
close	int close(FILE *fp)	关闭文件	关闭成功返回 0,否则返回-1
creat	int creat(char *filename, int mode)	创建文件	创建成功返回正数,否则返回-1
eof	int eof(FILE *fp)	检查文件是否结束	遇文件结束返回 1,否则返回 0
fclose	int fclose(FILE *fp)	关闭文件	关闭成功返回 0,否则返回-1
feof	int feof(FILE *fp)	检查文件是否结束	遇文件结束返回非零,否则返回 0
fgetc	int fgetc(FILE *fp)	从指定的文件 fp 中读取下一个字符	
fgets	char *fgets(char *buf, int n, FILE *fp)	从指定的文件 fp 中读取长度为(n-1)的字符串,存入 buf	返回 buf
fopen	FILE *fopen(char * filename, int mode)	打开名为 filename 的文件	成功则返回文件指针,否则返回 0
fprintf	int fprintf(FILE *fp, char *format,args)	把args 的值以 format 指定的格式输出到文件 fp 中	返回输出的字符数
fputc	int fputc(char ch, FILE *fp)	将字符 ch 输出到文件 fp 中	成功返回该字符,否则返回 EOF
fputs	char *fputs(char *buf, int n, FILE *fp)	将字符串 str 输出到文件 fp 中	成功返回 0,否则返回非 0 值
fread	int fread(char *pt, unsigned size, unsigned n, FILE *fp)	从指定的文件 fp 中读取长度为 size 的 n 个数据项,存储到 pt 所指的内存区	返回读取的数据项个数,出错则返回 0
fscanf	int fscanf(FILE * fp, char format,args)	将 args 指定内存的数据按 format 指定的格式输入到指定的文件 fp 中	返回输入的数据个数
fseek	int fseek(FILE * fp, long offset, int base)	将 fp 所指向 de 文件的位置指针移到以 base 所指出的位置为基准,以 offset 为偏移量的位置	成功则返回当前位置,否则返回-1

续表

函数名	函数原型	功能	说明
ftell	long ftell(FILE * fp)	查找 fp 所指向文件的读写位置	
fwrite	int fwrite(char *ptr, unsigned size, unsigned n, FILE * fp)	把 ptr 所指向的 n*size 个字节输入到文件 fp 中	返回输入到文件中的数据项个数
getc	int getc(FILE * fp)	从文件 fp 中读入一个字符	成功则返回所读的字符,失败返回-1
getchar	int getchar()	从标准输入设备中读取一个字符	成功则返回所读的字符,失败返回-1
gets	char *gets()	从标准输入设备中读取一个字符串	成功则返回所读的字符串,失败返回 NULL
getw	int getw(FILE * fp 0)	从文件 fp 中读取下一个字	
open	int open(char *filename, int mode)	打开文件 fp	成功则返回文件号,否则返回-1
printf	int printf(char *format, args)	将 args 列表的值按 format 指定的格式输出	返回输出的字符个数
putc	int putc(int ch, FILE * fp)	把字符 ch 输出到文件 fp 中	成功则返回字符 ch,否则返回负数
putchar	int putchar(char ch)	把字符 ch 输出到标准输出设备	
puts	int gets(char *str)	把字符串 str 输出到标准输出设备	
putw	int putw(int w, FILE * fp)	将整数 w 写到文件 fp 中	返回输出的整数
read	int read(int fd, char *buf, unsigned count)	从文件号 fd 所指的文件中读 count 个字节到由 buf 指示的缓冲区中	返回字节个数
rename	int rename(char *oldname, char *newname)	把文件名 oldname 改为 newname	成功则返回 0,否则返回-1
rewind	void rewind(FILE * fp)	将文件 fp 中位置指针置于文件开头	
scanf	int scanf(char *format, args)	按 format 指定的格式输入数据	
write	int write(int fd, char *buf,unsigned count)	从 buf 指示的缓冲区输出 count 个字符到 fd 所标志的文件中	

参考文献

[1] 杨健露，刘英，康卓等.C语言程序设计.武汉：武汉大学出版社，2006.
[2] 汪同庆，张华，杨先娣.C语言程序设计教程.北京：机械工业出版社，2007.
[3] 黄迪明.C语言程序设计.北京：电子工业出版社，2005.
[4] 王敬华等.C语言程序设计教程.北京：清华大学出版社，2005.

参考文献

[1] 孙怀林, 刘维民. 固体润滑材料[M]. 北京: 化学工业出版社, 2006.
[2] 王汉功, 查柏林. 等离子喷涂技术[M]. 北京: 机械工业出版社, 2007.
[3] 刘家浚. 材料磨损原理及其耐磨性[M]. 北京: 清华大学出版社, 2005.
[4] 温诗铸. 摩擦学原理[M]. 北京: 清华大学出版社, 2005.